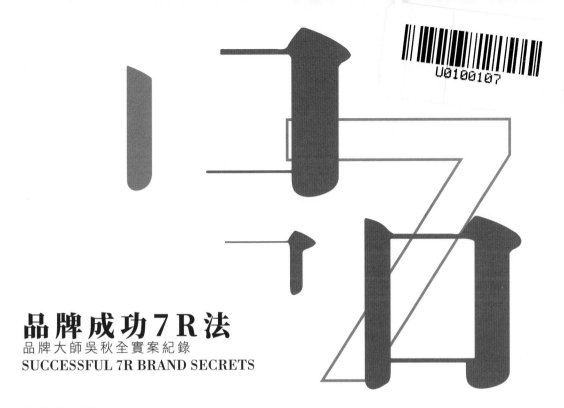

品牌成功7R法
品牌大師吳秋全實案紀錄
SUCCESSFUL 7R BRAND SECRETS

吳秋全　著

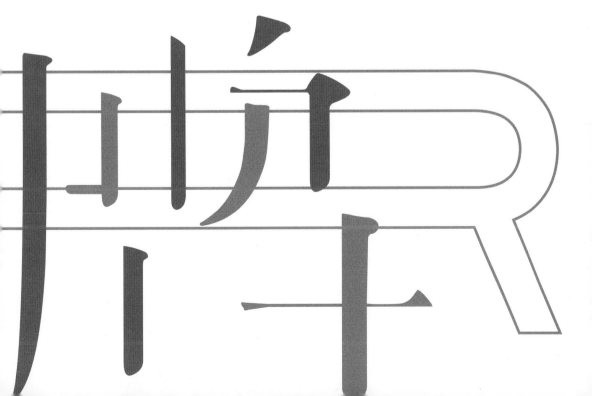

推薦序一

吳秋全先生是我從事教學工作中最後一批學生，他青少年時期的形象仍歷歷在目。他完成學業後，成為這行業的佼佼者，在此期間本人並未有參與。他在設計界的創造性，我相信行家自有公論。

我個人對「品牌」的理解是：所有「品牌」的線條、顏色、設計形象，都是要反映持份者的文化、哲學和工作目標。

所以我過去與「品牌」設計師討論時，都先詳細講述我（創辦人）的人生管理哲學、對這間公司的願景、對這件產品的期待。「品牌」即如對自己兒孫出生之後的命名，每一個命名都是反映了父母對新生命未來的心儀方向。秋全在這些設計裏，我因為未有機遇得到他的直接服務，所以沒有第一身的感受，但從他各種設計（作品）、已公佈的「品牌」，從我對這些「品牌」的了解，我覺得設計師是能夠達到這個要求的。

形象的力量是如何集中而具有穿透性，秋全的設計達到我對品牌的社會形象及對社會穿透性的要求。但願他在今後的設計生涯當中，有更多令人驚喜的作品。

以此為序。

葉國華
香港保華生活教育集團有限公司主席
中國教育發展投資管理有限公司主席
耀中教育機構董事
保華基金會主席
1997-2002 年出任香港特別行政區行政長官特別顧問

推薦序二

品牌就像人，各具個性，各有特質，更是有生命力的載體。有生命力的品牌能夠與人產生共鳴，源於品牌與生活同在。生活體驗可以瞬息萬變，也可以在潛移默化中改變，品牌能夠與生活並行並進，不變的原則就是自我驅動轉變，為品牌自身賦予更多意義，使消費者及受眾與品牌的共鳴感細水長流。

觸得到、看得見，這是消費者從傳統媒介接收對品牌的最基本感覺。在互聯網時代，品牌的一句口號、一幅圖片、一段短片，經過社交媒體傳播、分享，產生的漣漪效應不限於品牌的知名度，還有受眾對品牌的期望。科技可以豐富品牌的全方位體驗，加強受眾與品牌之間的互動，並有效管理受眾對企業、產品與服務的期望，然而品牌做到不忘初心、推陳出新，追本溯源仍是如何把品牌植根在合適的土壤上，讓品牌順應時勢，持續成長。

品牌健康成長需要有心人悉心照顧，但有心人更需要適當的啟蒙，才能走上品牌發展的正軌。今日我們為香港品牌自豪，其實香港的品牌啟蒙者同樣值得敬重，他就是吳秋全。從香港設計委員會的合作中，我充分感受到吳秋全對啟蒙品牌的熱誠。

《品牌成功 7R 法》是吳秋全總結創作經驗而成的錦囊，深入淺出剖析品牌標識、活化、形象塑造、包裝系統設計、零售規劃、重新定位、再造，創作過程中的起承轉合，跟生命的變化不謀而合。品牌就是生命，活出精彩的品牌正是活在當下、擁抱轉變，在數碼時代與科技並駕齊驅，探索、開拓更多建立與經營品牌的新可能。

品牌流着敢於創新的血，最能激動人心，刺激消費者及受眾反饋建議，讓品牌海納意見，令顧客體驗精益求精。香港互聯網發展相當成熟，資訊傳播效率高，加快顧客體驗昇華至跟品牌交心的層次。期待香港品牌善用這片更有養份的土壤，堅持求進求變，令品牌可持續發展走得更遠。

嚴志明教授
香港設計中心主席
香港設計委員會主席
香港工業總會副主席
職業訓練局副主席

推薦序三

現時全世界中小企業不單止面對大企業的競爭，更要面對營商環境急促的改變。「心意更新」的營商文化已經成為中小企業發展的關鍵要素！作為協助中小企業發展的其中一位僕人領袖，十分認同作者吳秋全分享品牌對中小企業發展的重要性。

根據工貿署的資料，中小企業數目佔全港企業數目的 98%（2019 年 6 月網上資料：www.tid.org.hk)，中小企業於香港經濟擔當十分重要的角色，而品牌發展給予中小企業一個發展導向系統。俗語説「品牌」象徵企業擁有的「品格」文化，而「品格」給予最終用戶的印象就是誠信行為、接納批評、言行一致，往往也是中小企業忽略的重要基礎，以致未能和客戶建立信任的關係，管理學定論常常提醒管理人員要和客戶建立信任關係，因客戶信任就是長期業務表現的重要元素。

業務發展的定義
短期表現 = 策略 + 執行
長期表現 = 信任 + 策略 + 執行

本書作者透過品牌成功案例和「七個品牌設計思考向度」，分享品牌對於企業發展的重要性和實踐性的一個整全分折，包括：理論、行動、引證，不單推動讀者明白品牌的重要性，也能有效協助中小企業落實品牌的長遠發展。誠意推薦各中小企業僱主和僱員，以及品牌商，透過本書協助企業、產品、服務不單有效協助提升業務發展，也能持續滿足客戶不斷更新需要、服務及改善社會、建立強勢品牌。

雲海洪
香港大中華中小企業商會創會會長

推薦序四

在香港建立品牌是一件奢侈的事，不是嗎？中小企業要在香港生存已然不易，幾個回合加一兩個風暴之後，浪淘盡幾多當日雄心壯志的創業者？既要守法合規，也要收支平衡，有幾多人尚有細膩的心思、長遠的規劃，可以把品牌形象建立起來？

遵理在成立之初，連自己的市場定位也未確定，更不用說品牌特色；但總算在四份之一世紀之後，有幸能在學生與家長的支持下，把陣腳站穩，也已經明白自己的社會責任與使命：既為不同階段的學習者提供選擇；也為有意投身教育界的尖子提供一展抱負的平台。

可是怎麼可以把這個信念讓同工以至社會大眾都清楚呢？

這個時候，我們有幸遇上吳秋全先生 Charles。在他的細心帶領與策劃之下，遵理集團進行了為期十八個月的品牌重塑，把母公司與各子公司按照不同的服務性質，一一賦予鮮明的個性形象。過程中我們的團隊在不斷的反思中，更確定自己的使命。

這書結集了 Charles 多年來的心血與代表作，看一遍猶如上了一個精彩絕倫的課程，又似看到這位品牌界的殿堂級前輩在台上侃侃而談。

希望大家能一起細閱，讓我們一起：
「光中邁步」。

梁賀琪 June LEUNG
精英匯集團控股有限公司主席

推薦序五

讀萬卷書，行萬里路。名師指路，閱人無數。

這是中國傳統文化對於學習成長的最好路徑解析。吳秋全先生對我而言便是亦師亦友，機緣巧合我們有機會一起合作了不同的品牌，受邀寫序，甚是欣喜。

回憶和他相處的點點滴滴，他是一位對生活有熱情，對家人孩子有關愛，對同事成長有助力，對合作夥伴有真誠，對品牌創建有執著般的信仰和理想情懷的一位行尊級大師。

今年農曆新年前的一天，我與吳秋全先生及他的同事 Austin 一起相約在香港油麻地看了一部日本電影《日日有好日》。在觀影過程中吳秋全先生全神貫注，邊看邊拿着筆記本記錄裏面所表達的茶道精神及精彩細節。

「惟有忽略過去和未來，專注於當下這一刻，人才能無所掛礙，自由自在的活着。」裏面的這句台詞就像是在表述熒幕外的吳秋全先生一般，也許就是他對生活所有細節的嚴謹與專注，成就了今天的他。

而察覺到吳秋全先生還有很多書外的「人設」，起源於我跟他聊到文化與旅行。

一路以來旅行是我的最大喜好，在旅行中關注歷史人文，關注創意情懷，體驗風土人情。在這一點上與吳秋全先生有許多共通的話題，他博古通今，滿腹珠璣。

春夏秋冬歲月交替，在歲月的時間軸上不斷的沉澱吸納總結，才能發現在歷史長河中沉澱出來的文化精華。對歷史文化的熱愛，讓他對品牌的理解不只是停留在眼下，他構建起來的品牌往往具備全時空域的厚度。

對品牌系統的構建、對品牌精神的敬畏、對品牌識別標準統一、對品牌創建的儀式感、對品牌的成長過程中經歷的時間密度周期，才能沉澱出一個讓世人認知、信任並不斷相互契合的一種精神信仰。

同他交流的過程中，我對品牌的理解日漸如數家珍，同時帶着他給我的一些啟示，今年我周遊以色列時有了對品牌更深一層的感悟。

世界上最成功的品牌是宗教。

今年五月底踏上以色列之行，期間有四天時間停留在耶路撒冷。在耶路撒冷恰逢安息日和耶路撒冷日。安息日的儀式感及周期性讓人們有了與家人的有愛互動及深度溝通，也讓他們有了思考的空間。而紀念日讓無數的以色列人聚集在耶路撒冷遊行，在大衛廣場徹夜慶祝，在哭牆前面流着淚水，唱着聖歌虔誠禱告。

是怎樣的力量能讓信徒從各地匯聚過來虔誠的參與這些活動？品牌和宗教有着非常相似的邏輯。品牌需要給用戶帶來認知，需要形成自有的標識系統，需要和用戶產生價值共鳴。

小眾的品牌傳播名字，有影響力的品牌傳播思想、價值觀。

宗教都擁有獨特的思想體系。基督教的《聖經》，佛教的《金剛經》、《心經》，伊斯蘭教的《古蘭經》，無一不是將思想體系用書籍、言論的載體形式表達，讓宗教擁有得以長期傳播的重要工具。

平日看到一些宗教的建築、旗幟、標識等，即便人們不了解這些宗教不信仰它，但也很容易區分出它們的區別。這些設計屬

於宗教體系的超級符號、標誌，也是最重要的差異化策略。

品牌亦需要有自己獨特的定位、標誌。當完成它們的系統建設時，亦可複製到它們未來的商業應用及活動中，並周而復始的傳播它。

現有三大宗教遍佈世界，人們能在中國和東南亞各國看到佛寺，也能在歐美等國看到天主教教堂，還能在中國和中亞西亞等國看到清真寺。這一切都因為它們有完整的思想體系並著書立說、有着世人共識的特殊標誌及儀式場所，由發源地不斷向外周期性傳播裂變。無數的信徒在這些建築內完成周期性的儀式感，每日誦讀禱告終將成就偉大的宗教。宗教也向我們這個生存的世界，向不同文化、不同膚色的人群，投射出至真至純的信仰光芒。

品牌亦需要建立自己的價值體系和完整的識別系統，並將此在不同活動不同場景中周期性的交互，通過不同的品牌思想不斷的向用戶傳遞它們的普世價值共識。正如一個品牌不可能取代另一個品牌，一種宗教也不可能取代另一種宗教。更多的品牌人他們集體創造人類文明的共識，豐富物質世界背後的精神美學，精神信仰，才形成如今各式各樣文化背景下的智慧風景線。

為此執著奮鬥，並對此有着理想情懷的吳秋全先生正是有了這樣的信仰，將幾十年積累的智慧邏輯心得，總結出品牌成功七法的基本工具系統並將此集結成書，分享給同業及對此有興趣愛好的朋友們，實乃行業的一大幸事。

黃斌 Bianca
MIT (HK) Industry Co., Limited

推薦序六

當吳秋全 Charles 邀請我為他的新書《品牌成功 7R 法》寫序的時候，我感到既開心又驚訝。驚訝的是因為我本來就不是設計這一行，在設計界論資排輩肯定輪不到我來寫；可這篇序恰好是我為設計界出版的書寫的第二篇序。第一篇序是去年我為一家近幾年在香港成立並迅速壯大的建築師樓 Lead 8 的公司年刊寫的。其實，我很欣賞香港設計界的努力和成果，尤其是在這樣一個生活高壓、節奏緊張、金錢掛帥的城市，卻又能出現那麼多像 Charles 和 Lead 8 這樣卓有成就的設計公司，殊不簡單。但這也不太奇怪，正如香港這個很不適合騎單車的地方，道路狹窄，政府以往沒有甚麼支持資源，甚至連場地也很缺乏，卻出了兩位世界冠軍的單車手黃金寶和李慧詩，反映了這個城市是可以創造奇跡的，也燃點我們的希望。

Charles 也是能為我們燃點希望的其中一位。記得我們一起在黃大仙私立的德致英文書院念中二中三的時候，他已經開始繪畫差利卓別靈的肖像，能夠畫得似模似樣。我記得當時他最喜歡的是花生漫畫、尊子漫畫。受到幾位老師葉國華、陳樹衡和黃小玲等的啓蒙影響，我們一批十四五歲的學生開始對文學、藝術，甚至社會議題、民族問題等都產生了興趣，並由 Charles 帶頭在學校裏成立了莆園學會，課餘組織討論，參加一些校外活動，例如一起去看展覽、書展等。

我和 Charles 之後也有斷斷續續的聯繫，知道他一直在設計方面發展。在上世紀九十年代初我們更有兩年一起搞了一家廣告公司，他做藝術總監，我找生意。

感覺人到了登六之年，過往甚麼事情都是一轉眼就過去了。當然，前提是如果你還記得的話。從十來歲的小伙子到現在，這四十多年來，Charles 在藝術、設計方面的興趣和持之以恆的態度使我甘拜下風。

Charles 在公共屋邨長大，又入讀人稱紅番區的黃大仙私校，到現在能為設計行業出一分力，不遺餘力地推動香港品牌設計發展，也贏得了行業地位，這是他把自己的夢想和興趣實踐出來的證明。像不少的香港人一樣，Charles 在不知不覺間鼓勵了身邊很多人，燃點了我們對自己的希望。

高廣垣
RECAS 環球有限公司主席
全國工商聯房地產商會香港及國際分會創會兼 2012-2018 主席
行德有限公司董事兼督導委員會成員
香港校董學會副會長
耀中幼教學院籌款委員會成員

企業的成功，除了優良的管理、卓越的產品等因素外，品牌發展更是現今營商的重要環節。秋全兄的新著作，涵蓋發展品牌的重要法門，值得向大家推薦。

黃家和
銅紫荊星章、太平紳士
香港品牌發展局主席

四十年前與吳秋全先生在同一公司共事，見證了他由初出茅廬的平面設計師到今天成為著名品牌大師，近年獲香港印藝學會頒發《第二十九屆香港印製大獎設計界傑出成就大獎》……他正是一個最佳的品牌經營典範！

蔡榮照
香港印藝學會主席
綠藝（海外）制作創辦人

有幸與 Charles 在工業總會合力籌辦多個推動品牌設計活動，如設計師聯乘工業家之「MOZACCO」運動品牌；「好設計」專業講座及 D-mark 認證等，使我深深體會到 Charles 對推動業界發展品牌及設計思維不遺餘力。而 Charles 今次將其多年實戰經驗輯錄成此書，以案例解說如何使用 7R 法則去推動品牌發展，實為設計界、品牌業界及普羅大眾帶來一份寶藏！

張益麟
興迅集團創辦人
香港工業總會第31分組（設計）主席
香港設計委員會副主席

香港品牌大師吳秋全先生素以宏觀的視野、戰略的方法、上乘的設計手法進行卓有成效的品牌建設而著稱。《品牌成功 7R 法》累積吳秋全先生數十年品牌建設經驗，以詳實生動的案例、深入淺出、清晰易懂的語言，系統詮釋了如何成功塑造和維護品牌，堪稱企業的「品牌寶典」和市場競爭的利器。

蔣素霞
《包裝與設計》雜誌主編

「品牌」二字對不少人來說只是等同於產品名字，就如街道的名牌一般沒有感情可言；但對我來說，「品牌」卻是既有生命又像人的性情一樣，要有情有義。就是因為我重視品牌，所以有幸認識秋全和藉着他的專長，為我們的品牌建立注入動力和更新。

司徒永富
鴻福堂集團執行董事

感謝香港暨大中華著名品牌大師吳秋全先生為深圳市大潤谷食品升級轉型提供全方位品牌規劃及創意設計專業服務，為我司廠商企業轉營品牌管理，由生產供應商定性為烘焙專家，盡心盡力，表現超卓！吳氏對品牌專業、設計、創意及管理專項通達有致，重視策略、創新、實效、系統和品質五方平衡，成績有目共睹，其引領中國品牌面向國際，功不可沒！

劉樹青
深圳市大潤谷食品集團總經理

I heartfeltly appreciated that Charles and his team rejuvenated our (Giormani) brand. Their effort had been holistically revitalized the brand image from visual identity to corporate level. Their consultancy advice gave our company a boost to another level of development.

Jane Tong
Chief Executive Officer & Founder, Giormani Brand

吳秋全先生的品牌策劃及品牌設計工作表現專業、具國際視野和前瞻性。他為力嘉國際集團設計的企業標識和為「深圳國際創意印刷文化產業園」設計的品牌形象意義深邃，令人印象深刻。

馬偉武
力嘉國際集團創辦人

非常感謝吳秋全先生為我公司提供品牌再造服務，每次他和團隊的創意提呈都準備充足，工作一絲不苟，成果見微知著。他為壹品品牌提出全方位、多向度的品牌改善方案，從品牌定位、價值梳理到標誌、包裝、吉祥物、店舖設計、推文格式等等……都有好多好多好好的創意。他將整個品牌重新梳理，為品牌的未來發展打好堅實基礎。

本書的內容十分精彩，案例深入淺出，設計富創意，見解精闢，關注香港品牌發展的企管專才不可錯過！

羅孟慶
壹品豆品行政總裁

吳秋全先生為天使美容集團策劃 Angel Beauty Bar 全新品牌，設計和創意令人耳目一新！最為感動是他的專業精神、澎湃創意和品牌管理意識。說專業，是因為他對全項品牌工程運作和進度的百分百專注和投入；論創意，他有用之不竭的主意和鬼才，時刻令人讚歎和感動；談管理，他主持品牌專案小組有法有度、處事嚴謹、執行力強。我在此強力推薦香港中小企業修看此書！有品就會贏，不可不知！

張月仙
天使美容集團主席

自序：7R品牌魔方

7R 的概念源於筆者在香港理工大學修讀設計學碩士班的畢業論
文，論文的主題是「爭議性設計在香港」。其時，7R 論述以論
文的形式搭配實物的展覽，作為畢業論文的表述。實物來自香
港設計師所創作的爭議性設計，以海報為主，筆者則首次以 7R
為思考導向，探討香港設計的未來方向。由於筆者往後的發展
在品牌領域，就嘗試將 7R 的思考方法應用在筆者為香港品牌
客戶的服務中。

筆者對 7R 思考的構想源於以下原因：

1. 香港經濟環境急劇轉變

香港自上世紀六十年代開埠到上世紀七十年代經濟騰飛，再到
二千年到達經濟巔峰，在高度成熟發展的經濟市場和設計產業
方面，無論是廣告創作，還是新領域的品牌設計，都達到了百
花齊放、各師各法的層次，卻也出現粗製濫造或濫竽充數的成
品，設計成效毀譽參半、參差不齊。在品牌的創作路上，筆者
參與了很多本地品牌從微小到旺盛的發展過程，見到一些品牌
趁着香港經濟蓬勃，乘風破浪、業務翻了幾番，亦見到一些品
牌衰老、急劇萎縮，還看到香港一些廠商在上世紀五六十年代
往歐美出口產品，在各個領域都獨佔鰲頭、各領風騷，譬如塑
膠業、電子業、印刷業、玩具業等，促使香港由漁村變為山寨
廠，再變為生產基地，繼而又發展成品牌中心，經歷了不同的
歷程。另外，許多廠商因為生產規模逐漸擴展，租金、勞動力
等生產成本上漲，所以趁着中國內地上世紀七十年代末的改革
開放，將生產基地遷移去深圳等地，加大了生產產值和製造能
力，開始有了發展品牌的意向，進攻內銷市場。

2. 企業的更新換代

香港有非常好的土壤，讓小微企業創業。我們的企業不少都有
25 年、50 年，甚至 100 年歷史，企業管理層經歷了多次換代，

在業務模式、發展策略、經營理念等方面也因應時代環境轉變而不斷蛻變。

3. 市場趨向完全競爭狀態

眾所周知，香港經濟與世界接軌，無數國際品牌都以香港為基地進軍中國內地市場或東南亞市場，他們在企業體的形態或形象上需要不斷脫胎換骨，才能保持新鮮感，具備持續競爭力。

4. 設計面臨新的挑戰

傳統的單品設計、單項設計或分科設計（如平面設計、室內設計、產品設計等），已經不合時宜，尤其是網絡平台的設計和數碼設計的時代正來臨。市場需要全方位的設計供應，更甚需要設計師能提供策略性解難方案和全面的設計服務。設計已經從裝飾、美化、優化的角色，轉為更深層次的演繹，包括從文化、藝術、商業、策略等不同角度來為企業、產品或服務，甚至平台，創造新的價值。

以上種種原因讓筆者在從事日常的設計服務時重新思考，如何為客戶再增值、再加強競爭力、再重新定位、再向未來市場進發。

7R 思考以重新檢視的態度，重新發掘價值，重現市場優勢，重整業務模式，重新抓緊商機，重塑品牌形象，作為最核心的思考方向，目的是為企業、產品或服務重新發現新的價值，再展未來。7R 應用在品牌業務方面，對已經佔有市場或浸淫在市場相當長時間的老品牌尤為必要。

7R 運用在品牌設計上，包括品牌標識的重新設計（Brand Identity Redesign）、品牌活化（Brand Revitalization）、品牌形象重塑（Brand Revamp）、品牌重新梳理（Brand

Reconfiguration）、 品 牌 更 生（Brand Rejuvenation）、
品牌重新定位（Brand Repositioning）及品牌再造（Brand
Reinventing）。7R 是一個思考方法，一種設計態度，一套檢
視企業、產品或服務內在潛力的有效工具。7R 亦是一種創意手
段，在一個高度成熟的市場（比如香港），能為日新月異的現
代社會注入新的活力。

本書將理論與實案結合，通過清晰的策略觀點、細明的圖解、
澎湃的創意及優質的設計，展示 7R 思考方法在品牌應用中的
可能性。書中刊出的案例均為筆者參與並珍藏的真實個案，涉
及香港和中國內地等不同地區客戶，甚少向外披露。通過筆者
務實可行的創意設計實踐，成功讓品牌在市場上再次騰飛。筆
者真心期盼 7R 思考方法能為各大中小品牌商開拓新的發展出
路，讓品牌商在品牌建立、品牌改造、品牌衍生發展、品牌重
建等方面都有所裨益。

目錄

第一章：品牌標識新造

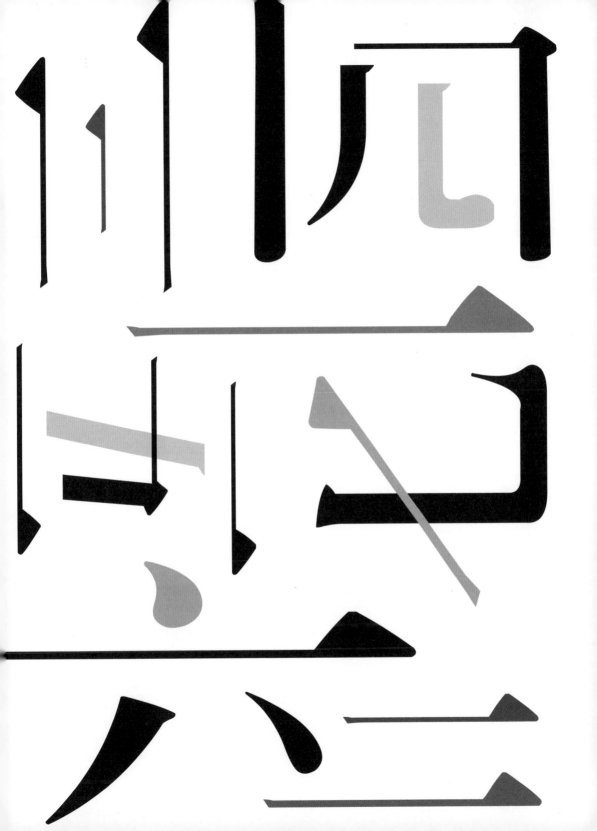

一個觀點

一些感想

一種感覺

一腔熱情

一連串實驗

一不做，二不休

一做就要最好

一點到位的貼切

一登龍門，聲（升）價十倍的增值活動

標識不只是圖形或字體，她是品牌象徵的價值所在。

何謂品牌標識？

品牌建立的第一個要務是形成差異化，讓人看到、聽到、體驗到品牌與其他的不同，所以，將品牌做到非比尋常（extraordinary），是企業的當前急務。標識有一個功能，它在你未購買該品牌的產品之前，就能讓你感覺到、解讀到它的勢頭，這種勢頭是通過它的標誌、符號或者是任何一個識別物件（如吉祥物）體現出來的。

香港最大的電訊公司「電訊盈科」（PCCW），其標識背後蘊含着很多的意義。它背負着公司的三個發展階段：電話時代、電信時代、光纖時代。經歷了三個時代標識的更換，「電訊盈科」（PCCW）邁向業務多元化，現時標識形狀是一個竹棚，象徵建構；竹棚裏有七種顏色，代表着公司不同的業務。藍色代表電訊盈科本身；紅色代表香港的電訊及增值服務；淺藍色代表電子商貿基建服務；綠色代表 ITV & Now、網上行及價值 9 億港元的投資組合；黃色代表流動電話；橙色代表數碼港及北京的投資項目等，標識不僅象徵企業的多品業務，也表達了願景和承諾。因此，該標識不是一個方塊圖案那麼簡單，內裏暗藏乾坤。

在現代社會，如果做生意不張揚，你就不是在做品牌事業。特別是在今天同質化嚴重的社會，競爭對手可以輕易地將你現有的優秀東西，快速地移植到他們身上去，這就產生了抄襲的效應。標識可以有一個很鮮明的主張，表明自己的身份、承諾以及主權。

photo credit: www.pccw.com

標識　不止是美學

在設計標識的時候，不要因為標識設計得比較好看就選擇該標識，我們還應該分析創作該標識的動機、標識背後的策略、所承載的意思及其象徵意義。一個標識可能象徵着改革，也可能象徵着改變與未來發展。1994 年「國泰航空」（Cathay Pacific）更換標識事件使業界及大眾拍案叫絕，因為該標識是一個很新的概念。以前，航空的標識體現的是安全、穩定，但「國泰航空」這個標識看上去讓人感覺輕逸和寫意。事實上，「國泰航空」這個展翅標識在業界以及非業界都是非常成功的，因為該標識配合了公司戰略的發展，強調了東方的神韻和西方的意象。在上世紀八十年代末，「國泰航空」經市場調查發現，在公司的乘客當中，來自東方（即香港以外的中國內地及亞洲的其他國家和地區）的乘客將會愈來愈多，「國泰航空」希望抓住這一機遇，使自己從一個地區性的航空公司發展成為一個區域性航空中心。

因此，「國泰航空」重新將自己定位為亞洲首屈一指的航空體驗平台，其新口號「亞洲脈搏亞洲心」表明了公司要將東方人的航空體驗實現出來的決心。西方很多航空公司的標識都是幾何造型，「國泰航空」則設計了一個書法形態的筆觸與西方的航空公司區別開來，體現出「愜意」、「翱翔萬里」的航空體驗。迄今為止，「國泰航空」將這一戰略執行得很好。

標識，是標誌、徽號、標章、標準字、標誌輔助圖形、色彩、字體等延伸設計識別系統的統稱。

1994

2014

photo credit: https://freebiesupply.com/logos/cathay-pacific-logo/
http://logok.org/dragonair-logo/cathay-pacific-logo/

溝通是品牌建構的第一步

要成功地推廣一個標識需要做到廣泛的內部溝通，如果無法做到，即使你讓全球最出色的設計師來設計標識，也無法取得成功。2012 倫敦奧運會的標識是由英國國寶級的品牌大師 Wally Olins 設計的，但是，當該標識推出的時候，舉世嘩然。英國人覺得這個標識像一個做愛的圖形，像一個口交圖，不倫不類，既沒有體現運動的精神，也沒有展示英國的文化傳統。但是，奧運委員會卻極力推薦這個圖形，原因是英國要辦一個非比尋常的奧運會。因為象徵國家的圖形已經被歷屆奧運會採用了，很難再有突破，英國人認為他們是一個很有創意的國家，是一個創意大國，所以他們的標識也要體現創新的意匠，毋需像其他國家的標識那樣一派宏偉和富有運動氣息。

每四年一屆的奧運會標識是一個很重要的設計潮流指標。1992 年，巴塞隆拿奧運推出 Cobi 流行吉祥物，讓嬌小、有趣的吉祥物跑出來；1984 年美國洛城的老鷹吉祥物很強、很霸氣。每一屆的奧運標識都有一種文化和國家象徵包含在裏面。因此，如果英國人要辦一個另類的奧運，他們的標識也要非比尋常。英國人在標識中使用了粉紅色，而在奧運的傳統裏面從沒有出現過這種顏色，他們認為這個標識是很前衛的，因為英國在創意、文化經已走在世界之巔，是他們帶動了創意產業，全球都舉目關注着，因此，他們要利用這個標識告訴全世界，英國主辦的奧運將會是不平凡的奧運。英國人要推翻奧運標識一定有運動員、有運動感覺這一舊的價值，他們要體現活力和創意。

體驗創新精神

標識的另一個作用就是體現創新，若干年前，當恆生銀行聘請

國際專業品牌公司設計新標識的時候，設計公司給恆生銀行設計了很多不同的版本，有的是一些全新設計。最終管理層認為，未來銀行業務趨向國際化、年輕化和自動化，因應原有品牌標識及形象已經相當流通，在市場上認受性高，故此決定不要求標識全新設計，只需要對舊有標識進行修訂，賦予其時代感和個性感，因為現在流行的是個性化、時尚化的銀行。恆生銀行以前的標識包含着太強、太厚的中國文化，沉甸甸，讓年輕的管理人員覺得恆生銀行是一個上世紀六十年代的老銀行、廠商銀行，無法吸引年輕的客戶。因此，恆生銀行決定將時代感注入新標識中，最終方案對原有標識的比例進行了調整，使線條更細、更圓滑，從而將時代感體現出來。

1997 年香港回歸祖國以後，香港要展現身份的轉變和國際化的地位，因此，香港政府推出了飛龍標誌，運用中西融合的設計手法，巧妙地把香港二字和香港的英文縮寫 H 和 K 融入設計圖案中，寓意香港是一個東西方文化匯聚的城市，設計構思突顯了香港的歷史背景和中國傳統文化。龍是一種想像的動物，象徵香港這個城市是創意之都。但是，飛龍標誌的推出，在香港引起了很大的震盪，因為人們對政府在當時經濟不景的情況下推出新標識以改變現狀存在質疑。香港政府希望通過這一新標識來振奮人心，但是在內部沒有廣泛的培訓、溝通形成一個願景，在外亦缺乏諮詢，沒有讓廣大香港市民參與設計，新標識的推出，在香港引起了不少負面評價，好事變成壞事！

品牌的生命周期

機構在成長時，有很多的活力；踏入成熟期，就像少年長大成年，開始穩重；當機構到達一定豐盛期之後，就會變老，就像人到中年的時候，老態畢現。在每個階段，機構都需要通過標識的重整，讓人們知道身份的不同。標識不是為了改變而改變，

而是有一種定位主張藏在裏面的。2008 年，當我們公司為鴻福堂重塑品牌時，筆者從市場調查中發現年輕人對涼茶有着截然不同的觀念，他們覺得涼茶比較神秘，比較髒，不合衛生，於是，我們將涼茶重新定位為現代健康的草本飲料，引領鴻福堂擁抱創新的價值，將涼茶不斷加入新的元素，轉化成為新時代的傳統飲料，與街上那些烽煙四起的涼茶飲品區別開來，從而使年輕人覺得飲鴻福堂的涼茶，是一種現代健康的生活模式。

從名片顏色看系統

我公司的名片可以讓員工自選顏色。大家不要小看這張小小的名片，因為名片是我們標識系統的一個重要元素。我的同事對顏色各有喜好，代表着不同的個性和品味，因此個人的卡片主色也不同。我也覺得這種變化挺新鮮、挺好的。但我們變化顏色到底是為了甚麼？想達到甚麼成效？想傳達甚麼資訊？想通過這一變化轉變甚麼觀念？有了這個答案，你才能去做一張好的名片。名片、信封、信紙或其他印刷品，如宣傳小冊子、年報、車隊制服、企業大樓外觀標識，連結一起是一個系統工程。那麼，為甚麼要是一個系統工程？名片是中小企業最常用的工具，通過派名片可以向別人傳達我們公司是一家有規模、有組織、服務可靠的公司，當你把這些因素都考慮進去的時候，你需要的就是一整套的東西了，所以它是一個視覺識別的系統工程。在這個系統當中，名片、印刷品、立體品以及其他一些傳訊的東西，都是需要我們考慮的美學風格課題，而不僅僅是改變一張名片的顏色。

標識是一個切入點，讓人注目

試想一下，別人掛在胸口的襟針是否引起你的注意？名片上的標識，不管你將其設計得美與醜都會引起別人的注意。那麼，為甚麼標識是一個切入點呢？在市場行銷或廣告中，標識可以在視覺溝通上傳達企業的信念、使命、願景和價值觀。在溝通的過程中，我們可以花錢去做廣告或開一家店讓人感受；但是，標識是一個最基本的切入點，有了這個切入點之後，我們才能加大其影響力，加大其重複效應，加大其統一應用。例如，你開一個店舖，你要有招牌，你的標識做不好的話是不行的，包裝也是一樣，這是最重要、被視為基石的東西。此外，我們還可以巧妙地利用標識的顏色、線條、象徵圖案等構成一組龐大的視覺識別意涵，比如 city'super 的標識就是一個感歎號。這些標識裏面包含着一些重要的元素，這些元素的延伸應用可以增加聯想，增加影響力。

c!ty'super

photo credit: https://www.alanchandesign.com/projects/citysuper/

在整個標識工程裏面，打造、保護和增進品牌印象的一些做法，包括以下五個方面：

1. 我們是甚麼身份（We know who we are）

2. 核心價值（Core Value）

3. 目標受眾（Target Audience）或市場區隔。每個機構的資源都是有限的（包括政府），沒有一個機構可以整天花大把金錢去不斷推廣、不斷宣傳，所以，他們只能集中焦點或者是針對市場的一些特定群體，因此策略性規劃系統及形象很重要。

4. 感官體驗（Look and Feel）。標識給人一種怎樣的感覺？有些甚麼聯想？有些甚麼價值觀？

5. 標識的意涵（Context）。這包括品牌背後的故事、象徵意義、策略、設計的來由及美學。標識的設計就是為圖形賦予內容和內涵，內容關乎標識的訊息和功能，內涵則涉及意識形態、創意構想、設計手法和藝術性。

標識不但可以表達出一個機構的身份，還可以向公眾傳達歸屬感。標識可通過影像和意念與受眾物件聯繫起來，所謂的影像就是標識的象徵。標識可以通過圖片或者圖像建立品牌資產，例如，金融業的可以通過標識讓人聯想起你的機構是國際標準的典範。標識系統產生持續統一的效應，可以廣泛用於宣傳管道上，換言之，該系統可以帶來連續聯想，所謂的連結就是不斷標示着資產值和價值感覺。所以，當標識刻在名片、宣傳小冊子或者是 T-shirt 上的時候，其實它是與人分享一個價值。此外，標識還是一個領域或主權的體現，例如，會場上穿着印有標識服裝的工作人員讓人覺得他們是接管了這個場地，構成識別。

標識的象徵意義

標識可以帶來願景（Vision）、意義（Meaning）、真實（Authenticity）、連結（Coherence）、差異化（Differentiation）、柔性（Flexibility）、持續性

（Sustainability）、承諾（Commitment）、價值觀（Value）等意思。標識帶來的第一個意思是願景，每個標識都會有其意思和意義，今天我們做標識就是將這些意義通過象徵的圖像或者一些抽象的圖形表達出來。透過標識我們可以看出企業或品牌的素質。

國內的標識正在轉型中，很多標識都受到日本、台灣標識的影響，其中也有一些美國式的標識，但大多數都是本土的標識。國內的標識改造有很大的發展空間，因為國內經濟發展迅速，對標識的需求量大，例如我曾經服務過的「九陽豆漿機」，他們僅僅靠賣豆漿機就可以一年賺到 25 億元人民幣。在我幫他們設計標識的時候，這家公司只有十二年的歷史，但是，這已經是他們第三次換標識了。「九陽豆漿機」再度更新標識的原因，就是希望員工和市場能跟上他們的戰略發展需要，反應其戰略訴求。

連結，像中介人一樣告訴別人我有些甚麼服務，標識是傳播媒介，藉色彩和造型，演繹故事和表述意義。差異化指的是通過獨特的屬性和氣質，將我們的優點與他人區隔開來。彈性指的是我們的標識不能太單調老實，過於規範，否則標識應用上就會太枯燥。持續性指的是標識耐久性，可以抵擋住發展的衝擊，包括經營環境的轉變，行內經營模式的轉變，甚至是標識能不能抵擋得住潮流的衝擊。我們在設計標識的時候不能僅僅考慮當前的需要，我們還應該考慮到未來的趨勢。承諾指的是我們通過標識向顧客傳達的信心保證。

為甚麼我們設計標識
要把整個系統整合起來？

因為一個好的標識不但可以產生一種統一效應，還可以使我們

的視覺表現有一種質感。匯豐銀行在管理標識和維護標識資產價值方面做得很好，從來沒有發生過甚麼危機，他們有一整套鮮明的機構形象指引手冊，該手冊對標識的使用做了清晰的規定，比如標識的放大和縮小等。中小企業在標識的使用上有一個很大的誤區，他們對標識的使用範疇和使用情形管理不足，例如，在贊助節目的時候，中小企業會將公司的標識給主辦單位，等印出來的時候卻變了樣，原來主辦單位在列印的時候將標識壓縮得很厲害，或者改變了色彩，或者指引不清楚，企業給主辦單位的標識是雙色的，但主辦單位在列印的時候自行將雙色標識轉化為黑沉沉的標識，這樣自然無法產生一種統一的效應，也讓自己的贊助活動打了很大折扣。因此，企業應該對標識的使用範疇、使用情形等做出清晰的界定。標識的視覺效果應該有一種預視質感，這種質感能使客戶在未購買產品之前就感知到該產品是品質可靠的，是自己所需要的產品。

為甚麼我們要投資品牌識別？

因為企業可以在每一個標誌接觸點上表達自我，傳達公司的企業文化；它不斷地提醒人們有關該品牌的核心價值和品牌信念；是品牌價值、使命和願景的全部體驗；它有利於人們理解該品牌的特色和利益；它有助於管理企業感知以及與競爭對手區隔開來；它有利於通過知名度及認知度的增加建立品牌資產，使股東價值增值。

3C2S原則

- 連結（Coherence）指的是將所有相關聯的價值無縫地聯繫在一起，尤其是通過標識讓消費者上腦、上心，發生緊密的關係。

- 統一（Consistency）指的是通過堅持、使用適當頻率、頻度，清晰地、有條件地將標識展現，目的在於產生連續印象，建立品牌記憶。
- 合作（Collaboration）指的是將機構的觀點、一些守則、承諾或一些願望，注入消費者的生命裏面。
- 標準化（Standardization）指的是當一個標識系統作業做得好的時候，它將在內部員工管理或對外向消費者溝通上很自覺地建立識別的差異、規範和水平。
- 持續性（Sustainability）指的是一個標識在變化莫測的環境中的持續應用能力。

標識可以帶來統一的聲音，其內涵可以將一個公司、服務或品牌錯綜複雜的理念通過外觀造型表達出來，將公司的戰略、意識、優化的品質展現出來，以及深層次地讓受眾體現其價值觀。打造成功的品牌標識是每一個持份者（shareholder）和員工的責任，遵守這一指導方針需要原則及警戒，其目的在於節省時間和金錢，有助於建立和管理品牌。機構或產品通過品牌設計師的創建、改造、延伸或升格，以建立最佳的品牌識別，這都有助於在熾熱的競爭環境下宣示優勢和推動影響力。

從標識的品類來說，品牌可以分為機構品牌、企業品牌、零售品牌、產品品牌、服務品牌、盛典品牌、街頭品牌等。從從屬關係看，也可分為主品牌、副品牌、次品牌等。整體而言，現代的標識應用在品牌事業上，已不是單一的設計項目，它是整合的全方位設計規劃，當中設計，涉及平面、產品、互動媒體、服務、體驗、空間等連線作業構成的綜合識別系統。標識的影響力大矣哉！

THE
HONG KONG
EXPORTERS'
ASSOCIATION
香港出口商會
since 1955

2010年為慶祝協會成立55周年，因着香港出口貿易環境逆轉和前景迷茫，藉機構形象全新重塑，以「衝出香港‧繽紛盛放」的意念，為業界拓展新商機。設計以HK字母造型表達煙花意匠，百花齊放，象徵盛世之都；並且特殊部首以寫意綫條劃出長空，寓意業界業績豐盛，衝出香港。

《時‧尚‧港》是香港貿發局於中國成都推出的以香港設計及品牌為主概念的
香港商場。設計以阿米巴變形蟲的生生不息、活力多變,象徵香港原創產品的
優良設計和多元面貌。

香港品牌發展局推出認可標誌，凡香港食品經安全、衛生標準審核，可進入中國市場。設計以三種文字（英文、繁體及簡體），突顯「香港製造」（Made in HK），構成優質認可標識。

香港舞蹈團原屬政府轄下藝團，於1997年改為自負盈虧、獨立經營。本款設
計以寫意書法描繪唐朝楊貴妃出神入化的舞蹈形態，又構成「dance」的「D」
字，象徵舞蹈團銳意以現代精神推廣中國舞蹈到世界各地。

Social Enterprise
Endorsement Mark

壹品豆品
TOPSOYA

案例分享：
壹品豆品

壹品豆品始於1958年

1986年成功紮根香港元朗橫台山腳下，從一粒黃豆開始，與同業並肩打拼，當時豆品工業盛極一時！可惜鮮製豆品因製作工序複雜繁多，手造豆品廠在市場上漸漸失去蹤影……

直到1996年，壹品豆品第二代掌舵人羅孟慶先生接手經營，本着「傳承必須創新；健康必須講究」的理念，堅持100%香

港生產、嚴選上乘優質的加拿大非機因改造大豆作原材料及絕不添加防腐劑和化學物。經歷多年不斷努力，成功守護了家族豆品業務，更為品牌爭取無數口碑、榮譽和獎項，成就了香港豆品新傳奇！

第二代掌舵人羅孟慶先生從接手打理父母創辦的新佛香豆腐廠以來，經歷無數風雨飄盪，當初一直憑着對豆品的熱忱，拋棄了 IT 事業，由一粒黃豆開始，事事關心，樣樣學習，在工廠由底做起，一步一步砥礪前行，成功在 20 年內令家業生意增長 250 倍，開展本地最大的豆品王國。

多年來跌跌撞撞，前後斥資數千萬元購入日本及台灣儀器，利用科技實施現代化系統管理，全面監管品質及製作流程，瞬間業務蒸蒸日上，企業正式進入新階段。

2007 年拓展企業品牌「壹品豆品」，推出支裝豆漿及盒裝豆腐，方便裝使品牌知名度大增，讓大眾讚不絕口，更成功躋身超市，是企業躍升的一大轉捩點。品牌之路遇強愈強，愈戰愈勇，穩定地發展業務及業績持續增長，不斷擴充，鞏固豆品領導地位，多年來努力、實力、魅力有目共賭，成功創立新的里程碑！

在這豐富多變、競爭激烈的環境，羅先生帶領着企業不斷探索發展機會，事事親力親為，始終不忘初心，以仁為本，以質為先，堅持香港製造和每日新鮮製造，「我就是做豆腐的命！」這是羅先生的座右銘。

「壹品豆品」為慶祝創業六十周年，第二代管理層決意進行品牌標識改造，為品牌注入時尚感，開拓年輕人市場。品牌原名「新佛香豆品專家」，有古舊感和佛教廟堂意味，與現代消費

者的生活方式及審美取向格格不入，管理層因此銳意為品牌名
稱及標誌重新改造。

名稱方面，品牌原名「新佛香豆品專家」在此次改造中定性為
企業品牌名稱，零售品牌則以「壹品豆品」為全新命名，寓意
品牌在豆品中排行前列，也有最佳選擇、最好品味的意思。

標誌方面，原有標誌採用書卷味較濃的扇畫形式，配以吉祥雲
主圖案，古老而死板，傳統而單調，同現代品牌觀念大相徑庭，
與時代和消費者嚴重脫節。新標誌則是圖形與文字的完美結
合，採用秀氣優雅的線條，象徵豆品的柔滑可口，同時也代表
纖體、瘦身等新時代訴求。新標誌以「壹」字為主體，巧妙地
將下方部首「豆」字轉化為「品」字，寓意一級豆品、品質卓越。

「品」字造型也相當巧妙，它以三板豆腐疊放構成，象徵以豆製品搭建的平台。標誌底色採用明亮的具豆奶色感的橙黃色，「壹」字上方部首採用啡色，下方部首則用米色，整體利用植物和食品的色相，將「壹」和「品」兩個字一語雙關地合併在一起。另外，「壹」字擺放在圓點內，寓意品牌專注於豆品研發、製作和生產。同時，圓點也是一粒黃豆的造型。

「壹品豆品」的標誌設計具有明顯的獨特性和差異性，而且意味深長，能説故事，內容關乎豆品，內涵則體現健康、可口、輕盈等核心價值。經過重新命名及標誌改造，「壹品豆品」在造型及美學上的表現極具時代精神，亦合乎年輕人的品味。

壹品豆品
TOPSOYA

濃厚豆乳 ....
HOKKAIDO SOYMILK

北海道產大豆

第二章：品牌活化

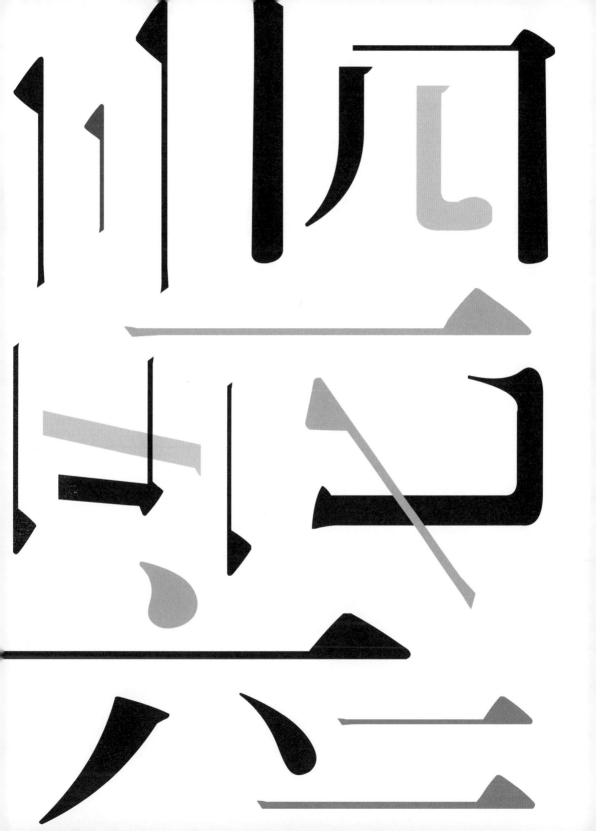

二元思考（逆正思維）的驗證

易於掌握的左右腦活動

雙手可操作的事情

B2C事物的轉化

易如反掌的生活反映

易過借火的靈光

義無反顧的專注

易學難精的功夫

品牌像人一樣，有生老病死的生活周期，必須常保活力和朝氣。

REVITALI ZATION

何謂品牌活化？

「活化」這個詞彙其實參照了建築界、生物學及醫學界的説法。

在建築界裏，文物保護被稱為活化。一些建築物比較陳舊，往往面臨被遺棄，甚至已被棄置。而根據現代時代的需要，將舊物重新改造，賦予新的意義，稱為活化。

在醫學上，所謂復修等同活化。一些患病或受創傷的病人，如何加快康復，讓傷者可在短時間內恢復正常功能的狀態，也稱為活化。

在生物學上，同樣理論被稱為激活。當粒子、離子、原子在外界吸收到足夠能量時，當中的電子便會處於一個被激發的基本狀態，更容易吸收不同的能量，容易產生化學反應，此過程亦稱為活化。

當「活化」應用於品牌時，品牌就像人一樣，有着生命氣息。其實，品牌是源於人，當產品或服務或機構只有冷冰冰的形象時，如何將整體感覺擬人化，成為品牌。由此理解，人有生老病死，就如每個產品、服務、品牌皆有生命周期，總不會持續維持最完美的狀態。當品牌處於老化階段，需要考慮的，就是如何通過創意、設計、創新，激活整體業務。

現今時代變化急劇，
業務急速發展成切入點

商機不斷，單品轉多品

一些業務經過多年的營運後，為適應市場需求逐漸改變產品系列及業務模式，但與市面上競爭者同質化嚴重，未有鮮明定位，例如：三十前品牌誕生時只賣咳藥，但今天可能傳染病多元化，因而推出各類感冒系列、敏感系列的產品線，便需要確立專屬的品牌競爭力。

適應新消費群

同樣，消費群也與以往大大不同，在傳播上，如對消費行為未能有效掌握，便難讓消費者得到共鳴，因而逐漸被遺忘。當與新消費者溝通時，不論是訊息傳達、整體質感、銷售關係，都需要與時並進地配合不同的創新銷售模式。

時不我與，流行不再

因着科技發展，有些業務不再被市場需要，漸漸地面臨淘汰，品牌不能滿足以往的光輝，反而需要保持競爭意識，接受重新被評估，讓服務及產品如何轉化或轉型，迎合時代的需要。

不進則退，面臨遺忘

有些企業數十年前誕生，當時的創辦理念及信念未能經歷時代改變的考驗，產品的品質或許可一直保持優質，但整體形象陳舊，此時品牌的性格、氣質、特徵顯然需要被重新改造，需要賦予新的氣息，跟上時代及潮流的觸覺，滿足市場訴求。

全面的品牌活化策略

短期推廣行為

初階層次為推廣宣傳，讓消費者留下印象。例如：麥當勞、大家樂等大型連鎖餐廳集團每個季度都會更換餐牌，不停讓消費者加強注意。

產品服務創新

中階層次則是通過引入新產品，利用創新換取突破，讓消費者有脫胎換骨的感覺。

品牌價值體系

高階層次是在管理層當中把核心理念重新定義，建立新的價值體系，迎接市場需求及消費者體驗。

案例分享：
鴻福堂
自家涼茶生活坊

從 2007 年年中，鴻福堂管理層因口碑推介，風聞我們在品牌策劃方面有些少建樹，邀請我們初步見面，希望探討一下我們對涼茶的見解，讓雙方磨合一下及交流觀點。我們當時捉緊的機會，成功換來了為大品牌改造的商機。

會後，我們主動引用設計思維，策劃了一個小型的焦點小組，通過消費市場的同理心，尋找市場上用家的觀感及期望。焦點小組分為四組，每組五人，分別是家庭主婦、老年人、打工一族及年青人，所取得的意見猶如當頭棒喝，引起管理層對未來發展的警惕。

老年人組，身為當時品牌的主流顧客層，理所當然給了我們預

想的答案：「香港天氣潮濕，當人們經常有乾咳、小感冒或不舒服時，都常會飲用自家製或購買的涼茶，能調理身體。」

家庭主婦組，反映涼茶也是很受歡迎的，大多家庭中有小孩，不論小學生還是中學生皆會參與不同的課外活動、燒烤及運動，家中媽媽往往會在天氣熱時為小孩準備五花茶等，深信以中醫的原理，可達至清熱及潤燥功效。

打工一族組，受着快餐文化的影響，經常出外用餐，欠缺關顧身體狀況，尤其在香港上世紀八十及九十年代的拼搏時期，本着獅子山精神，上班族工作加班嚴重，涼茶及健康飲品都有一班忠實顧客群。

年青人組，是最有趣的一群，令我們有大發現。本着探討心態，我們了解年青一代是如何看待涼茶的功能、期望、優勢及劣勢。原來，年青一族對涼茶抱有異常負面的價值觀，認為涼茶是「不入流」，不但配方神秘及沒有科學研究，味道更是苦中有苦，在宣傳推廣上也不合潮流，不信服所謂「藥療」及「配方」。由此，我們順藤摸瓜探索着甚麼才是年青人期待的飲料。當時，他們沒有提供具體的答案，卻提出了關鍵性的意見：「It's not my cup of tea.」（這不是我杯茶）。在西方術語來說，這有着多重含意：不適合、不需要、不合口味。接下來，我們進行了分析及推算，將來年青人的生活方式應該會有着重大改變，這必定對飲料市場的未來發展有着重要啟迪。

帶着「年輕人將會注重生活態度」的見解，與管理層深入探討未來發展

由打工一族、家庭主婦到老年人，這無疑是目前主要的市場銷售對象，但是三年、五年後，老年人將會漸漸被淘汰，忠實客

戶群將會逐漸減少，可預期銷量會大大下降；相對而言，日後將會冒起的年青消費群卻不是焦點客戶，未能增強銷售額，因此，我們作出了一個總結：新一代的飲食方式將會是發展重點。

新一代對未來飲料市場雖然沒有提供絕對答案，但可看出他們有着很高期望，包括低糖、味道可口、有功能認證、產品資料透明、便攜。簡單來說，未來飲料必需與日常生活有關，並提供一些新價值、新享受。年青人其實不介意在價錢上付出更多，但重視產品的高價值。

管理層同意擁抱新價值，
重新定義涼茶

1. 將治療改為養生保健
2. 提倡清新感及環保概念
3. 加強關愛、分享的情感聯繫
4. 保育傳統涼茶，創新健康飲料

不但為銷售涼茶作推廣宣傳，而是為未來發展綑繆，讓品牌與新消費群接軌。

焦點小組帶動了我們與管理層更緊密的合作，並提呈一連串的未來發展計劃。當時，鴻福堂擁有 43 間分店，發展狀況正處於十字路口，未有確立的發展方向，正考量應否高速發展或不斷拓展產品。藉着我們的介入，當提出一些策略發展的觀點後，管理層一致同意加速發展品牌的信念，銳意把本土零售品牌發展至上市。因此，品牌必須活化，在產品、服務、購物體驗皆須迎接未來新生代的新健康飲料需求。

為鴻福堂服務的第一個工程是由 2008 年 1 月開始，當時我們

檢視企業的發展歷史。原來早於 1986 年鴻福堂已立業,名為鴻福堂涼茶館。而在 1994 年,企業的第一間分店在加拿大多倫多正式開業。在 2000 年,企業亦首先引入樽裝涼茶,開創新里程,把涼茶引入超級市場及零售市場,讓我們發現管理層擁抱創新價值的特質。2002 年更在將軍澳開設健康快線,成為香港首間在地鐵沿線開業的涼茶館。2003 年,企業繼續開拓海外市場,把業務擴展至加拿大、美國、澳洲、英國、紐西蘭等。2006 年,企業以鴻福堂快線形式正式進駐百佳超級市場、吉之島百貨;同年也推出自家品牌系列產品,包括湯品、糖水、小吃等地道美食。2007 年正式開設第四代的零售網絡,名為「自家湯涼茶坊」,是我們介入後第一個手筆。當時應用的新模式大受歡迎,分店也快速發展超逾 43 間,成為全港最多分店的涼茶集團,也計劃在深圳開設第一間涼茶分店,正式進入中國內地市場。

Superior
Herbal Tea
涼茶至尊

Supreme
Health Drinks
健飲精品

Original
Flavour
Soup
原味湯飲

Classic
Desserts
經典糖水

Fresh-made
Drinks Series
鮮製良品

Medical
Healthy Jelly
保健膏品

Home-made
Buns
懷舊包點

Tasty
Food & Snacks
風味小吃

Brand Strategy
品牌策略

Internal Brand Belief
內在品牌信念

External Brand Image
外在品牌形象

- 重整產品類型
  (Re-categorizing)

- 重建品牌版圖
  (Re-building)

- 重塑新定位
  (Re-definition)

- 重寫真傳奇
  (Reinforcement)

- 重做新形象
  (Re-design)

- 重組新思維
  (Re-thinking)

- 重燃新動力
  (Revitalization)

Logo Identity
標誌識別

Verbal Identity
口號識別

Packaging Identity
包裝識別

Retail Identity
店面識別

Philosophical Attributes
品牌哲學屬性

Emotional Attributes
品牌情感屬性

Physical Attributes
品牌物理屬性

Brand
DNA
品牌基因

Brand
Communication
品牌溝通

Story 故事

Vision 願景

Meaning 意義

Context 內涵

Culture 文化

Legend 傳奇

Taste 品位

Enhance Degree of Appreciation
提升欣賞指數

Establish New Perspective
革新觀念

Embrace New Value
擁抱新價值

Change Consumers' Attitude
改變消費者態度

Sustainable Development
持續發展

Now	目前
Traditional Herbal Tea & Drinks	保健、草本飲料
Middle Class	中產
Good Foundation, Reliable, Superior and Reasonable	堅、實、優、抵
Medium Price	中價
Product-oriented	產品導向
Popular	大眾
Community	社群、羊群
Conservative, Trustworthy, Safe	保守、踏實、穩建
Practical, Needs, Effective	實用、需要、效益
Local	地道
True to Reality	具象
Traditional Brand	老字號
Health-concerned, Medical-oriented	保健、藥療
Functional Appeal	功能取向
Multi-faceted Products	多元化產品
Heritage, Classic	傳統、經典
Quality Assurance	質素保證
Family-oriented	家庭化
Price Competitive	割價競爭
Market-oriented	市場主導
Functional	實用主義

Phase 1 in 2007
首期 2007

Phase 2 in 200[
二期 2008

Future	**將來**
Lifestyle healthy-drinks	健康生活飲品
Kidult, Lohas, Urban, Modern Life	環保、現代生活都市人
Aesthetics, Contextual, Innovative, Trendy	美感、內涵、創造、時尚
Premium, Supreme	高價
Brand-oriented	品牌導向
Segmented Market	分眾
Independent, First Choice, Self-initiative	自我、自立、自主、自選
Energetic, Creative, Living, Charismatic	活力、創造力、魅力、生命力
Original, Elegant, Premium	原創、優雅、精品
Cross-cultural	跨文化
Idea, Concept, Perception	意匠、意念
Stories, Legend	故事、傳奇
Leisure, Self-discipline, Youth, Comfort, Fitness	悠閒、自律、青春、舒泰、健美
Emotional Experience	感性體驗
Focused Products	焦點產品
Creative-driven, Fusion	創新、中西融匯
Value-oriented	價值訴求
Personalize, All-rounder	個性化、適合各種場合
Value-added, Satisfaction	提升、增值享受
Strong Bonding Relationship with Customers	感情關係主導
Sharing	分享主義

Phase 3 in 2009
三期 2009

開拓全新概念店，結合便利店、消閒、享受、文化及健飲於一身。

1. 為集團構想新型態的店舖，地鐵網絡為關鍵

我們為集團實現第一期工作時，提出以新購物體驗的策略為切入點。香港的都市化發展，不論日常工作、遊樂、朋友相聚、處理事務等，點與點之間地鐵網絡擔當着城市人生活不可缺少的角色，由此可預見現代人的生活節奏將更頻繁及勞累，因而或會容易生病，所以更需要有一種心靈的飲料。

管理層當時十分希望整理零售店業務，初時只要求我們處理形象上的修整，例如為大門裝飾及整理陳列空間，在視覺上更容易吸引眼球，有效促進買賣速度。但經過我們為集團整體發展思考，認為純粹的裝整工作並不能解決未來發展的困局。相反，我們強調需要建立一個全新形態的店舖，以迎接未來生活方式的轉變，讓消費者體驗涼茶的新文化。

以往涼茶店內總是有酸枝圓形木材傢俬，門前位置有一張大橫枱，枱上有個超大葫蘆形的金屬涼茶煲，透明的玻璃片蓋着傳統碗具，一碗碗黑漆漆的涼茶總是讓消費者一目了然，經營模式可被稱為「敵不動，我不動」，與消費者有一定的距離感。

根據早期考察市場所得出的結論，現代人生活方式加快，期望便利、快捷及方便的購物形式，可加速貨品選擇及整體購買流程，因此引入像 7-11 的便利店模式，讓消費者近距離接觸產品，同時亦加強建立與顧客的情感聯繫。

當時，香港機場快線九龍站新開幕，很多舖位是空置的，與管理層商討後果斷地決定進駐，在站內建構樣板店，正式開拓「健康生活館」的新概念店。由此我們引入品牌系統作業，包括由產品、店舖、推廣宣傳等方面進行總體規劃，實現品牌策略性持續發展的第一步。

當時鴻福堂處於兩種營銷狀態，一方面是以樽飲形式進入超級市場，產品保質期較長；另一方面則是在自家店內提供新鮮的健康飲料，保質期只有數天。進入超市無疑是對零售業務的一個很大考驗，因為僧多粥少、上架費高昂、仰人鼻息，營銷狀況的主導權不在鴻福堂手上。有鑒於此，在自家店舖建構一個微型的超市，以冷櫃陳列即飲產品，加上設置小型書室、電腦區及音樂吧，當時聯乘基督教團體，引入基督教社群的正能量，在書室放置對心靈有啟發的書本，讓消費者「停一停、加加油」。整體來說，是提供一個採購的全新體驗，可在聽覺上享受心靈音樂、視覺上閱讀，亦可在小超市購買健康飲料給自己或分享給家人。

此全新的營業模式對管理層及市場皆有一個很大的啟示。除了市場的反應備受認可外，整體運作流程亦證實將來可被廣泛應用。所以，管理層因應着不同地舖的租約期，很快便在地鐵沿線及不同商場引入新店舖系統。有賴管理層的執行力，當經歷過大、中、小店的應用模式後，全線分店已陸續在數年間全面被統一改造，至今發展成擁有一百多間門市。

鴻福堂不僅由本來是傳統涼茶街舖的刻板印象發展至統一形象規格的品牌連鎖店模式，更在競爭劇烈的涼茶市場中，由大眾化轉型為分眾化市場，大眾化是包攬了各年齡層的顧客，產品需求是有着傳統及經典的味道；相反轉型後的分眾化市場是針對青年人、大專生、商旅人士及打工一族，產品更需要擁抱創新、中西融匯及具時尚感，展現的內涵比較豐富，打造新風采。

2. 新品牌劇本重寫了鴻福堂的傳奇

在打造鴻福堂新品牌策略前，我們為企業量身訂製了一套品牌劇本，包括釐定了品牌定位、品牌核心價值、品牌性格、品牌

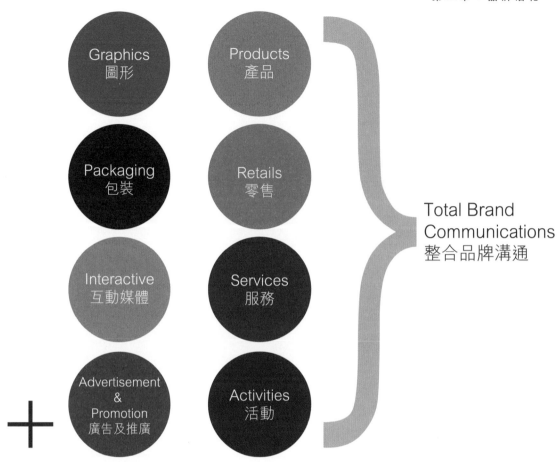

Total Brand
Communications
整合品牌溝通

Holistics Brand Identity
全方位品牌識別 「自家湯涼茶坊」

Excellent Quality
Assurance
卓越品質保証

Innovative Yet Traditional
Herbal Tea Culture
創新傳統涼茶文化

Leading Herbal
Tea & Health
Drinks Retail Brand
Private Labels

Premium Herbal Drinks & Food
優質草本飲料及食品

Successful Private
成功自家品牌

The Biggest Herbal Tea
Chain Store in Town
全港最大涼茶連鎖店

強勢草本涼茶
健康飲品零售
品牌及自家品牌

Renowned Hong Kong Brand
香港著名品牌

Labels Owner

競爭力、品牌屬性、品牌願景、品牌口號等，在一整套品牌理念下，未來的發展策略便按着此框架深化發展，向着目標強勢進發。

以往鴻福堂着重於「涼茶至尊」，重整品牌策略後，品牌需要與同業增加差異性，因此必須加強市場制高點，正式定位為「健康草本飲料專家」。在此品牌定位下，集團便定下目標，在產品線上強勢引入不同健康、養生飲料，包括中方的湯品及西方的花茶，並命名為「自家湯涼茶坊」，打造全港最大健康飲料連鎖店。

當中也有一些小插曲，在定位為「健康草本飲料專家」及新釐定的品牌文化「創新傳統涼茶」上，是否加入湯品在產品線為一大商討議題，因為擔心會否蓋過本業。

在我方看來，以草本材料烹調是嶺南文化的民間智慧，與健康、養生、保健的價值不謀而合；當通過首創的塑料湯包放入微波爐加熱，讓不懂烹調老火湯的年青夫婦、大專生，也可快速地享受湯飲的滋味，也配合快捷、方便的生活模式。最後當說服管理層將湯品納入，不僅深化了創新文化，加強新業務形態，更開拓新市場，讓品牌更增值。

此外，集團更正式強化涼茶名門正宗的地位，將 11 個涼茶配方提呈給中國內地主辦的非物質文化遺產認可計劃，其中有 8 個配方取得認證。

中小企常在不同時期推出不同產品，產品形象容易出現雜亂無章的現象，鴻福堂亦遇到相同的狀況，我們也着手梳理產品包裝，全線統一規劃及設計，亦加強標籤系統，突出無添加、無人工色素、低糖、以迎接未來新生活口味。

同時，品牌也加強在品質保證方面。通過不同的檢測取得認證，同

時銳意贏取「香港著名品牌」的榮譽，包括香港品牌發展局的
「卓越品牌」、坊間認受性較高的品牌殊榮。此外，集團正式
開展自家品牌體系，以「鴻福堂」去打造健康食品及飲品，甚
至開拓有機食品及公平貿易產品，全面打造鴻福堂為擁有自家
製造品牌系統的著名零售品牌。

完整地實行全方位品牌活化的任務

在半年間，感謝管理層的信任，讓我們先後為鴻福堂注入新的
品牌概念，其中針對不同範疇，包括產品、零售、服務、體驗、
活動，通過視覺溝通的圖形、包裝樣式系統的引入、互動媒體
及廣告宣傳等。及後，便由外在品牌深化至內在品牌，為管理
層及員工舉行品牌培訓，將品牌的核心價值注入員工身上，展
現投入、專業、上進的服務精神，對外更能展示出感性的一面，
例如：充滿笑容、富儀態的動作，推薦給客人時更具說服力。
同時，集團亦着意大量聘請中年的推銷員，因為他們有着生活
智慧、家庭經驗、小朋友的成長體會，涼茶更是他們熟悉的飲
料，更甚，集團成功引入零售中醫藥療人才概念，讓員工可將
中醫的原理深入淺出地與客人分享。

總括來說，不論是銷售流程、服務體驗，還是整體形象規劃，
如何讓品牌更添活力是整個項目裏的重中之重。

第三章：品牌形象重塑

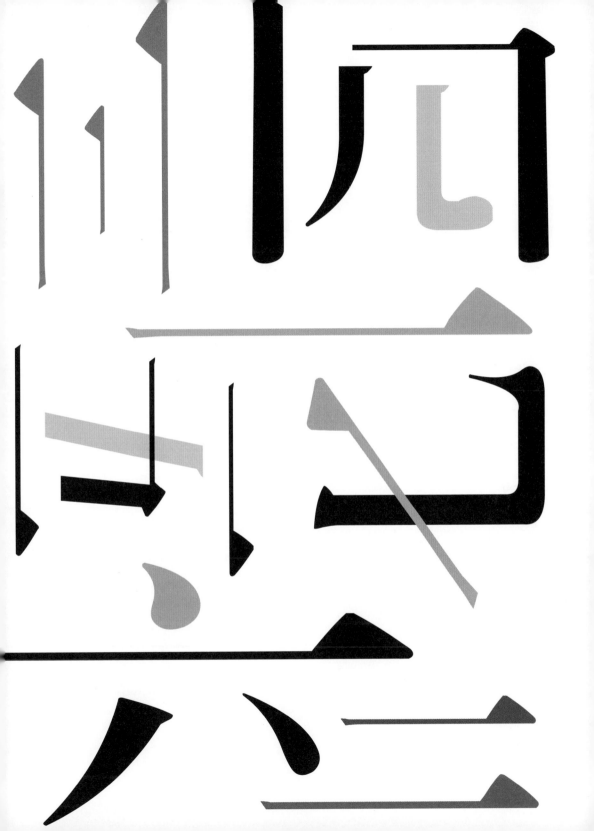

形象的重要性不言而喻，其可視化、可觸摸以及體驗化是核心要務。

何謂品牌形象重塑？

「品牌形象重塑」涉及整個品牌的翻新、改造、修身或全面改動面貌，英文稱為 Brand Revamp。

品牌在不同的成長階段，需要不同的角色，從而需要擁有不同的面貌、性格、氣度或氣質。萬事萬物皆會老化，品牌也不例外，因此經常面臨需要翻身的情況，正如人定期敷面膜、剪髮、剃鬚、換新裝等。

形象翻新有一大好處，便是容易讓消費者感受到一新耳目。當時代變改時，也不會讓消費者感覺一成不變。品牌如人，所謂「人如其面，各有不同」，品牌亦如是，它們有專屬的個性、性格、氣質及特質。但是，如果長期墨守成規，難免會老化。因此，定期的修整便令品牌持續發展時期比人的壽命更長，甚至跨代傳承。

以日本為例，有些企業是超過數百年的歷史；在中國內地，也有些品牌經歷了百多年；在香港，經歷過 50 至 60 年發展路程的品牌也大有存在，但往往品牌形象不是與時並進，顯得「老氣」。由此可見，當時代與世界發展接軌後，企業便要並行發展，而品牌充滿着時代氣息是必備條件之一。

早於 20 年前，當一個品牌新推出，會被預計可持續發展 30 年。因應當地經濟或文化發展情況，有些地區發展速度相對緩慢，尤其在市場需求不大的情況下，品牌便會發展得很緩慢。相反，在高速發展中的都會或城市，不同的品牌在市場上日新月異，不論商業模式、產品創新、設計風格也不斷被開拓，品牌便不能靜靜地坐着。

品牌的翻新不單純是指外觀形象上，有些企業需要的是革新業務模式、有些是着重策略觀點、有些在策劃未來發展路線，甚

74

至有關整體的感覺及品牌行為皆需要變更。

我們說，一個成功品牌必須有獨一無二的生命力及活力，甚至有時尚感，這些往往是來自品牌形象重塑及翻身。因此，一個好的品牌必須要經常被注入「維他命、營養素」，得以保存品牌現時最佳的狀態。

品牌出世後，像嬰兒一樣，不能讓它自生自滅，總需要不斷呵護。

當企業遇到關鍵時刻，
便是品牌形象改造的最佳時機

如面臨上市，企業的策略發展或業務架構將會有明顯的不同。當身份不同了，便需要與股東及投資者交代，品牌形象必須恆久保持容光煥發，令市場有信心、消費者樂於投資。

如面對市場的激烈競爭，消費者往往貪新厭舊，當品牌長期沒有活動、不活躍、欠缺活力，容易逐漸被市場遺忘。此時品牌形象便需要重新塑造，提醒消費者有關品牌的市場價值。

如面對市場環境已急劇變化，十年前興旺的業務已不復存在，品牌便不能依戀過去，需要不斷優化，甚至衍生一些新的產品或服務品種，通過翻新開拓新里程。

如面對着全新的市場，單靠過往的身份未能承載未來的願景、任務，品牌便需要變更。

如面對品牌升級，過往在市場尚未有領導地位，面臨着大躍進的機會，整體品牌形象必須要加強符合市場的期望，全面革新。

如過往品牌一直衣不稱身，形象與市場地位不相稱，尤其當業務在創業時的形象與現在發展大不相同，卻因企業總是在打拼着，在發展取下成功後，形象卻未能反映市場價值，便需重新審視品牌形象，確立新的地位及角色。

如品牌已在市場上順利登陸，業務發展需開枝散葉，企業里程開啟新篇章，舊的形象便會顯得落伍，品牌形象更新便是必經之路。

品牌形象重塑的登陸點最優先往往是標誌

標誌上，方寸之間便能表現深邃的意念，包括產品或服務的核心理念。

尤其在今天，當知識產權註冊白熱化，而市場上很多品牌是濫竽充數，優質而貼近社會的品牌形象，反映企業的態度或觀點或信念。每五至七年重新審視品牌形象是需要的。

通過標誌、形象、包裝、店舖、視覺表現以至經營模式等，需要不斷變更，貼近市場，甚至帶領市場發展最為理想。

品牌形象有諸內形於外，首先品牌本質需要被確立，在於外表現出來，包括通過視覺、體驗、行為表達，讓消費者接收到一個品牌的立體輪廓，涉及平面設計、廣告活動、營銷手段以至整個策略規劃。

案例分享：遵理教育集團上市之路

遵理集團於 1989 年創立，以幫助中學生升學為己任，於 2014 年中旬，通過口碑的傳播，獲得李根興博士的推薦，親自由集團創辦人梁賀琪小姐與我們接洽，邀請我們拜訪總校商討品牌改造或升級的合作。

當日會面的情景至今仍印象尤深，我們到集團荃灣總校與五位管理層見面，我方首先表達對品牌方面的一些睇法，其中包括我們預想集團會面臨的一些情況，例如 DSE 考試將會到達頂峰，然後逐漸下滑；補習市場競爭非常劇烈，但市場期望領導者的誕生；按照集團的發展路線，上市是指日可待的，從而提出為集團改造的出發點：為着迎接未來發展路線的形象規劃。

不為設計而設計

管理層聆聽了我們的分享後也二話不説地表現出非常認同，雙方皆非常清楚現有的品牌美觀程度並不足以成為改變原因，而是面對着將來教育市場的改變，才是品牌改造的真正切入點。無論是在自身企業準備上市規劃，或客觀環境的市場競爭需要，皆需要有一個策略性的改造。

在全面規劃品牌形象前，我們為集團策劃了一個品牌調研報告，前期工作包括策動焦點小組、全線院校實體考察、與持份者學生及管理層進行訪談等，讓我們全面走進客方業務及市場，了解發展機會及困局，奠定了在劇烈競爭的大環境下品牌發展的路向。

在實地考察的過程中，我們視察了整體的教學環境，通過整體環境的表現評估品牌傳播系統，小至一張單張、教室整體的色彩、圖案、標識等視覺語言，也在評估的範圍中。

在評估之後我們綜合了很多不同的見解及觀點，讓我們納入創作及設計的基礎中。

標誌的改造是一個突破點

集團的舊有標誌為燈塔形象，物理屬性很強，象徵茫茫大海中為迷途的學生提供指南及方向感。

標誌改造後，我們將標識昇華為情感屬性較強的形象，以無處不在的「光」轉化為希望，光線形成路線圖，寓意只要有品牌的帶領，只要願意努力及奮鬥，莘莘學子便會穿過任何障礙，在辛苦過後也會成為天上的星星發光發亮。

標誌在圖像上採用圓形，代表着集團發展只聚焦在教育的產業上，以中文字「光」嵌入其中，構成一個教育平台，成為環球的教育團體，業務發展將更加遼闊及深遠。

梳理集團整體品牌架構為重中之重

由創業至發展的全盛時期，集團期間分別誕生了大大小小的八個子品牌，包括遵理補習社、遵理日校、遵理兒童教育、遵理精英匯、遵理持續進修、遵理教育基金、遵理生活及遵理潮指數。在梳理過程中，我們巧妙地利用標識象徵平台之餘，更以標點符號配合演繹各子品牌。

全面整合　全新識別系統

「＋」加號，遵理學校

在數學上，代表加數、正數，是增值、超越的意思；代表遵理旗下的補習服務，是遵理旗下的補習業務。對大部份人而言，「補習」二字絕不陌生，即是學生在課堂之外的補充學習。遵理多年來積極將「補習」一詞再仔細定義，引入高學歷高能力的學者執教，令補習由以前單純靠死記硬背，不求甚解或貼題的催谷模式，轉變成真正提升學科能力和啟發學生興趣與潛能的愉快學習經驗。

「，」逗號，遵理日校

在文學上表示未完，用於分隔複句內各部份，是使用頻率最高的標點；代表遵理日校是遵理旗下的優質私校，培育不同年級的高中學生品德及學識。由 1989 年創校至今，已培育近十萬名畢業生走上人生的康莊大道。我們重視學生的品德發展和精神生活，希望栽培學生成為德才兼備的社會棟樑。

「？」問號，遵理兒童教育

在語言上，表示好奇、反思、發問；代表遵理旗下兒童教育中心品牌，專為幼兒至小六學生提供全面及多元化課程。掌握孩子天賦語言學習能力與興趣，我們引入高質合作伙伴，以O2O（Online to Offline）嶄新教學程式，讓他們無痛學習，並滲入德育成分，培養良好品格，輕鬆面對將來每個升學挑戰。

「！」感歎號，遵理精英匯

在溝通上，表示願望、命令、驚喜和讚歎；代表遵理旗下的精英匯，是一個嶄新的平台，聯結東西方文化，聚合各方頂級專才，我們與不同精英單位及機構合作。通過開辦持續進修課程以及舉辦文化講座，讓不同年齡，階層的市民擁有更多分享、學習和進修機會，從而探索更多未知世界的樂趣和驚喜。

「；」分號，遵理持續進修

在語文上，用作銜接單句或複句中既長又互相依傍相依的語義。分號，是遵理旗下的持續進修及專業教育品牌，標誌着由本地轉往海外中間的重要銜接。遵理持續進修及專業教育，專門辦理英國高級文憑課程與在本地及海外大學的銜接，為學生提供更多升學選擇和可能。

「∞」無限號，遵理教育基金

在分析中，表示比任何一個數字都大的數值。無限號，代表遵理旗下的慈善教育基金。遵理教育基金是遵理專為全港學生和有心投入教育業的人士所設立的多元化慈善基金，寄託遵理回饋業界，攜手推動教育發展蒸蒸日上的熱忱和美好願望。

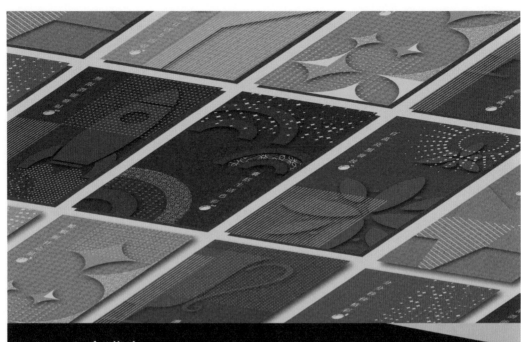

光中邁步
Stepping in the Light

邁理陪伴人生的每一個階段，
帶領學生一起邁向光明的未來。
通過是次品牌工程，讓"邁理＝
光"的理念深入人心。

強勢傳遞邁理已升級轉型為"綜
合教育平台"的訊息，為集團的
下一步發展造勢。

Beacon is always side by side, walking
students to a brighter future together.
This rebranding project puts forward
the idea "Beacon = Light" to the public.

It emphasizes that Beacons is an
"integrated education platform" instead
of merely a tutoring centre.

「%」百分比，遵理潮指數

在統計學上，表示份額、比例及比率。百分比，代表遵理龐大的學生網絡、調研發佈及研習指數。遵理潮指數，藉着遵理龐大年青人網絡，蒐集中學生對社會不同議題的看法並不定期發佈，讓社會人士更了解新一代的意識形態。

藉着整個品牌架構的梳理，我們進行了全線形象的規劃。設計除了展現在品牌的標識，包括色彩規範、比例、子母品牌的從屬關係等，亦應用在不同的傳播工具，包括環境規劃、文儀用品、宣傳推廣應用、品牌書刊、營銷套、小冊子、網頁、吉祥物、短片等，讓整個品牌擁有統一的形象識別系統。

更甚，我們製作了攝影風格指引，由衣裝到海報的展示，都清楚地作出規範。過去，集團的宣傳量很龐大，每次展現出來的形象比較混雜，亦欠缺美學風格。通過梳理後，整體的表現在市場上讓年青人產生歸屬感及帶出一些年青活力。

造就市場典範　成就上市之夢

通過十八個月管理層及我方開會進行梳理後，在 2015 年 1 月 1 日集團旗下所有子品牌形象正式升級，推出全新標誌及品牌形象，準備邁向上市之路。在 2018 年，集團成功達成短期目標，以「精英匯集團控股有限公司」成功上市。

至今，凡於不同場合與管理層碰面，皆會提及此品牌個案是相當成功，不但在市場上一新耳目，更在整個品牌項目中，體現了通過設計注入創新，讓企業的品質、身份、角色更清晰被市場確立，引領業界升級。

第四章：品牌重整梳理

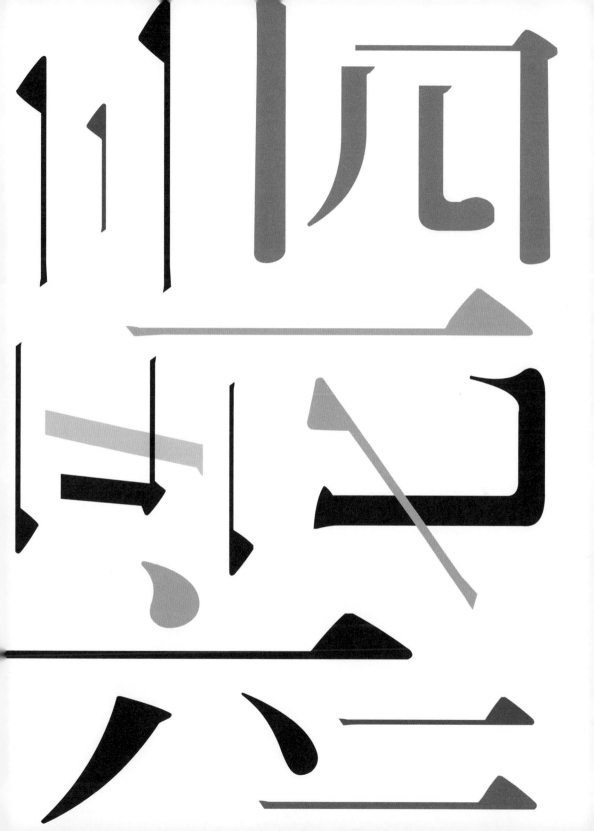

四方八面的妄想

在方方正正的框架中求突破

XYZ＃四個粗俗的字母

打破禁忌：死、唔掂、唔好掛、唔可以……

第四空間的挑戰：時間考驗

四分五裂的破壞

四通八達通羅馬的大道

品牌重整，就是產品系統翻修，品牌梳理，就是品牌系統理順。

何謂品牌重新梳理？

「品牌梳理」有品牌管理的意思，包含品牌系統的重新梳理、品牌產品的位置確立、品牌架構的重整、品牌價值的重新調配、品牌類型的排列等，含有多元品牌重組的意思。總而言之，「品牌梳理」關乎品牌系統結構的規劃、重塑、重新編排、重新配搭、優先次序排列等。

品牌管理的概念始自 1837 年寶潔（P&G）企業的誕生。寶潔創辦之初，只是售賣肥皂，但因應市場消費者的需求及慾望逐漸擴大，品牌商也因此開發日用產品系列，從單品走向多元化，從本地化走向全球化，也從製造向創新研發推進，從單純製造擴展為兼併收購的模式。其對焦的消費者層面與時俱進地擴展，最終成為全球日用消費品大王。

寶潔公司也曾因過度擴張，產品過於繁多，產品類型交疊，不同市場的品牌需求不斷擴展延伸，累及企業盈利下降，發展停滯不前。近期，公司也進行了品牌的重新梳理，即「瘦身」，從策略發展、研發、創新、製造、包裝、設計、渠道、市場推廣等方面全面梳理，以面對全球化業務嚴峻的競爭環境和要求。

品牌具備完善的生產系統、管理機制和營銷策略，是較為全方位的品牌思維

以寶潔公司首創的品牌管理為楷模，以下為「品牌梳理」的一些特質：

1. 生命力強。面對逆境、危機、競爭或市場的衰落、求變，甚至經濟、文化的衝擊，皆處變不驚。品牌具備完善的生產系統、管理機制和營銷策略，是較全方位的品牌思維。

2. 以多制勝。不滿足於單品的產品訴求，因應時代需要，不斷擴展延伸，發展成為多元和多品的產品戰略，且各類別品牌都因應不同屬性有鮮明的管理架構和策略發展，因而它涉及多層次和複雜化的綜合管理系統。比如寶潔公司的產品種類繁多，從香皂、牙膏、漱口水、洗髮水、護髮素、洗滌劑，到咖啡、橙汁、蛋糕粉，再到衛生紙、衛生巾及感冒藥、胃藥，它橫跨清潔用品、食品、紙製品、藥品等領域，涉及類型包括快消品類、日用品類、衛生品類，且一種產品下又有多個品牌，比如洗衣粉類就有汰漬、波特、洗好（Cheer）等品牌。寶潔的多品牌策略不是將一種產品貼不同的商標，而是適應不同的市場區隔推出差異性大的產品，每個品牌個性鮮明，有獨特的發展空間，相互之間市場不會重疊。

3. 差異性強。例如在歐洲推出的洗髮水「海倫仙度絲」（Head & Shoulder）針對的就是去頭皮屑，「潘婷」是補充頭髮營養，「飄柔」則是讓頭髮光滑、柔順，而「絲芬」尤受中國內地長髮女性市場歡迎，其個性是爽滑柔潤。

4. 獨特性強。寶潔的創新研發（R & D）非常強勢，尤其是發展新的市場區隔及開拓新的市場區隔。產品的「獨特銷售主張」（USP）鮮明有力，其他競爭者難以望其項背。

5. 能攻易守。寶潔的產品延伸系列完整強勁，因此在開拓新領域、新市場時，在很短時間就能被市場接受。它的主動性、攻擊性、侵略性，令其他新進品牌難以招架。又因其多品牌策略聲名遠播，它在不同市場的顧客心目中，都樹立了實力雄厚的形象，所以它在功能、價格、包裝、渠道、採購等方面都有絕對性的競爭態勢。而且它資源充沛，在推廣宣傳方面也擁有先天優勢，往往是以壓境之勢贏得市

場，尤其從全球性發展角度來説，這麼龐大的品牌板塊能起到易守易攻的效果。

不過，多元化品牌也會有管理的問題，如果個別品牌定性不清楚，或是過於獨立，就會產生各自為政、管理紛亂的不良影響。又因為產品系列過於龐大，投放的資源也會過於龐雜，令品牌向前發展舉步維艱，難以適應市場突變。戰線太闊，也容易被競爭者突襲。因此，定期或不定期地進行品牌梳理，為品牌建造一個穩定發展的系統，就顯得尤為重要。

案例分享：
大潤谷

走品牌發展的路向，
重新定位為烘焙專家

大潤谷是中國深圳的食品製造廠商，初創時以製造糖果為重，
但因應市場追求健康的訴求日益加大，廠商急於求變，重新定
位為烘焙專家，開始走品牌發展的路向，以健康餅食為主產品，
尤其是曲奇餅。它的主要競爭優勢在於管理層對 100% 健康原
材料及製作工藝的重視，走的是良心品牌的路線，尤其是在中
國內地食品安全危機重重的環境中，它殺出了一條血路，深受
市場歡迎。

大潤谷過去是以 OEM 代工廠為主業務，趁着重新定位為烘焙
專家之際，專心研發健康餅食，從原材料、製作工藝、款式、
口味、生活品味等多方面追求改善。其旗下的健康餅食已發展
百款之多，因此也出現多元品牌常見的現象，即產品繁多、戰
線太闊、口味太多選擇，導致競爭力減小，也由此有了品牌梳
理的需求，從品牌管理的角度簡化節約，以保持優勢，發展新
的競爭力。

從品牌管理的角度簡化節約，
以保持優勢，發展新的競爭力

全項品牌工程以半年為限，包括品牌標誌全新設計、品牌定位
確立、品牌核心價值重整等。

大潤谷原本是一家集研發、生產、銷售為一體的專業糖果、餅
乾製造企業。在創辦人劉樹青先生和眾員工的齊心努力、勤勞
奮鬥下，在品牌重新梳理和改造後，大潤谷轉型為烘焙食品路
線，專注於生產天然、無添加防腐劑的優質烘焙食品。大潤谷
重新確立「傳承、誠信、創新、精益求精」的經營理念，在烘

焙工藝上發揚匠心精神，精心選材、細研配方，確保每件烘焙品安全、健康、優質、美味。

全新設計的品牌標誌的意念來自烘焙的最基本元素——小麥，寓意大潤谷烘焙品精選天然原材料；麥粒組成花朵的形狀在空中綻放，花朵代表溫馨、浪漫、有品味，契合活力、健康、積極向上的意象；標識字體以咖啡色作主調，寓意大潤谷是烘焙行業專家，專心精研烘焙產品；麥粒採用的橙色則代表陽光和健康，寓意大潤谷注重發展天然健康、不斷發展的理念。總體來看，不同大小的麥粒錯落有致，向四面八方開花結果，整個標識充滿活力、生機、朝氣蓬勃的動感，也意味着品牌業務如旭日初升，欣欣向榮。

是次品牌工程的重中之重是品牌包裝系統的全新建立，從類型、市場、價格、形態、美學等方面為各種產品進行全新改造，建構全新的品牌力、競爭力、研發力。

因應品牌發展以渠道為王，尤其是覆蓋全中國內地的超市、食品店、便利店，其受眾差異性非常顯著，因此在品牌架構、策略發展、品牌類別、品牌包裝方面必須重新思考。

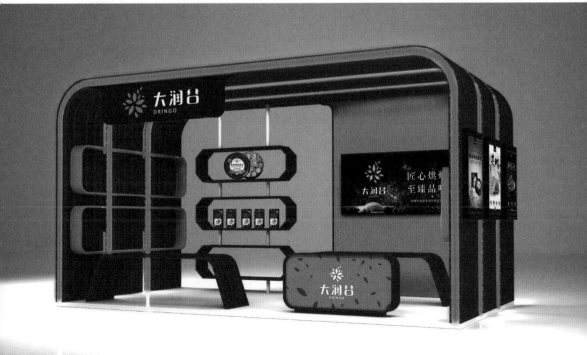

大润谷
DRINGO

匠心烘焙 · 至臻品味

深圳市润谷食品有限公司

第五章：品牌更新

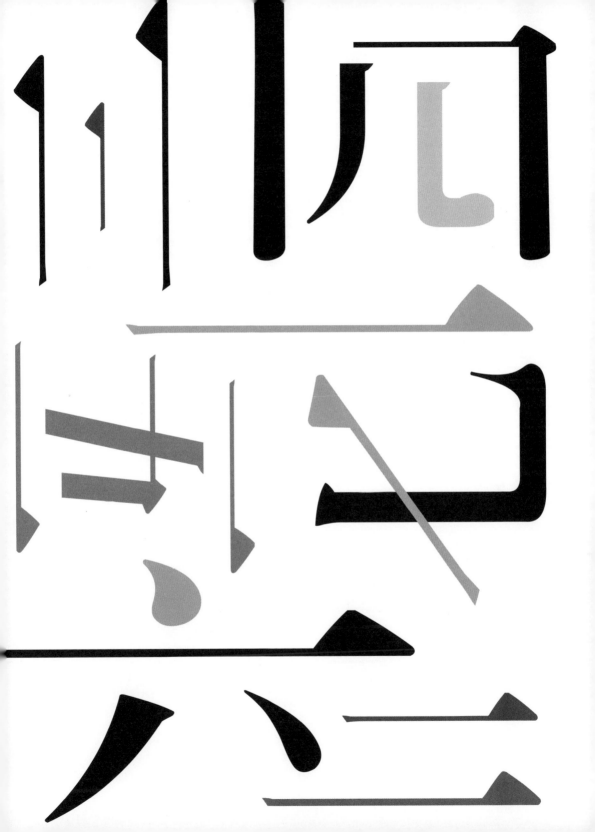

品牌要有自知之明，不要等受到衝擊才急起直追。

何謂品牌更新？

品牌誕生之時就意味着它有老化的一日，它就像人一樣，有生老病死的循環階段。品牌一落地就與時間搏鬥、與競爭環境搏鬥、與市場搏鬥、與成長搏鬥、與業績搏鬥；同時，品牌也會與時代競逐、與科技潮流競逐、與人性需求競逐、與生活要求競逐。因此，發展不容停滯，也都不容品牌每天在原地踏步。品牌必須保持成長、發展、歷久常新，然後蛻變、新陳代謝，不斷增值。

香港開埠以來，從來都是一個營商環境非常理想的地方，處於中西文化和商業的要塞，品牌成長的土壤非常富庶。但也因此，因應時代需要和消費市場需求，須不斷灌溉土壤，否則品牌不能與時並進，甚至停止發展、最終凋謝。香港有很多品牌是超過四分之一世紀、半世紀、以至一百年的，品牌的創新力、營運、管理、持續發展，是令品牌歷久常新的法寶。如何去抵抗老化？如何與時俱進發展？營運和策略規劃是重中之重。

縱觀環球很多品牌，麥當勞、可口可樂等，隨着時代變遷，他們都經歷了不同的老化階段。所以品牌要有自知之明，不要等受到衝擊才急起直追，平時都要做好抗氧化，維持最佳狀態，表現容光煥發，保持吸引市場的能力。品牌怎樣防範老化，甚至保障它不會被淘汰？為它加強新的競爭力，不時添加價值，就成為抗老化的必須。

品牌的創新力、營運、管理、持續發展，是令品牌歷久常新的法寶

老化現象很容易在品牌中表現出來：

1. 在研發（R＆D）方面，品牌推陳出新的能力是否緩慢甚至停下來呢？是否已經與時代脫節，不合時宜呢？它是否

缺乏與消費者的敏感回饋與互動？是否缺乏專業的保護？設計研發的機制是否落伍？生產系統是否老舊？研發（R&D）在行內表現是否排名出局呢？

2. 在產品方面，競爭力是否弱化？消費者滿足程度每況愈下？產品遠離標準規格？不重視設計？甚至乎顏色、形態、表現落伍呢？

3. 在競爭方面，市場佔有率是否已經下降？新的競爭者是否迅速成長呢？

4. 在消費者方面，消費者都會老化，年齡會增長，品牌或企業是否有更新、引進新的目標消費群去替代舊有的消費群？消費者的忠誠度是否下降？新產品未受歡迎的時候或受到衝擊的時候有無及時處理呢？

5. 在意見領袖（KOL）方面，這些意見領袖者是否有關注我們的品牌？我們的品牌是否寂寂無名呢？這些意見領袖者是否難於找到我們呢？

6. 在廣告方面，我們是否減少了曝光的次數？我們是否減少了在市場發聲的能力？我們品牌的代言是否不合時宜？是否有過分更換廣告形式，令消費者無所適從呢？

7. 在溝通方面，有否過於固化舊有觀念，忽略了消費者需求上的轉變？甚至乎品牌名稱已經無人提及呢？

8. 在傳播方面，是否在社交媒體、傳統媒體的曝光已經消失？甚至被消費者揶揄？或者在我們稍有不慎的時候，已經引來過分的反應呢？

品牌老化，
管理層必須馬上正視並積極處理

以上種種都是品牌老化現象的表現，管理層必須馬上正視並積極處理。而大前提是：

1. 世界正在急速轉變，不容許品牌怠慢，對轉變無動於衷、反應遲鈍。

2. 消費者不斷成長，他們的認知、見識、眼界、體驗都受到交叉感染，不斷成熟，所以如果品牌只固化原有的定位和市場位置，容易被消費者忽略甚至唾棄。

案例分享：
天使美容
從品牌老化中
浴火重生

天使美容是 2015 年與我們接洽去探討他們品牌發展未來之路。情況是，這個品牌在香港發展已經逾 40 年，創辦人感受到消費者不斷有新的要求，潮流不斷更換。面對嚴重的品牌退守、老化，甚至被遺棄的危機，管理層急切地感受到品牌老化嚴重影響到他們員工聘請和市場份額的表現。彩妝美容產業都是年輕美麗的行業，品牌是否能吸引到青春活力的銷售員呢？品牌資產價值偏低，人才易去難留。顧客對品牌的忠誠度也每況愈

下，導致惡性循環，收入減少，財政出現困難。老化也出現在員工身上，他們在安舒區做太久，鬥志、積極性、心態都顯得保守，由此帶來品牌表現失色。

眾所周知，彩妝業是一個比較特殊的行業，它與美麗、生活潮流、品味、時尚、服飾等息息相關，時下還加入了健康等新的訴求。品牌翻新或者活化是刻不容緩。

我們為天使美容改造時的切入點是「品牌更新」和「品牌活化」。

一方面我們要重新考量品牌的核心價值、定位和未來的發展方向，從而塑造一個可持續發展的品牌新形象。我們採取一個戰略，與其在原品牌集團裏面改造，倒不如跳脫地在此基礎上開拓一個新形態，定性為 Angel Beauty Bar，希望為年輕愛美的女性建立一個彩妝護膚平台，在這裏提供價廉物美的化妝品、護膚品、香水等，也提供專業的護膚妝容知識分享，打造年輕女性的彩妝護膚平台。

這個Beauty Bar是一個實體的平台，也是一個O2O的採購平台。

實體平台：店舖設計採用酒吧位的形式，在室內設計中是一個非常創新的意念，酒吧裏面的人可以自由自在享用產品、與朋友聊天、與吧枱人員分享知識，也可以藉吧枱展示產品，同時這也是一個活動空間，可以營銷，可以示範，可以培訓，可以做妝容的舞台。

O2O 平台：它也是新零售概念的演繹，會發展 online 網上的採購平台，做到線上線下融合。我們會將採購回來的年輕妝容

產品先張貼到網上平台，讓客人瀏覽，作為宣傳和分享，歡迎客人在網上預訂，然後下店舖取貨、獲取專業知識及應用示範。我們也發展全方位的產品線，提供物超所值的潮流妝容產品，因為貨品種類多，可以形成一個小型超市，顧客可以自主購物，輕鬆自在。

我們這個不只是店舖，也是專業知識分享的舞台，非常密集地為顧客提供護膚妝容資訊、示範、最新潮流分享，是與客人建立緊密關係的自主空間，是一個開放自主的空間體驗。我們要讓顧客看到 Beauty Bar 就聯想到青春、活力、年輕的氣息。

這也是一個教學平台、自助購物空間、宣傳快訊的舞台、潮流八卦及時尚裝扮的流通平台。

我們有四個核心要素：Hit & Fast, Mix & Match, In & Fun, Trust & Rely。這四個核心要素確保我們在品牌老化時通向一個逆轉的新方向。我們的產品要當時得令地流通，潮流資訊最快來到香港，在這綜合平台提出配對的運用、專業的妝容分享。我們也提出百分百投入和生活的樂趣，也藉產品的品質提供信任和依靠。

新品牌展現出來的形態：色彩新鮮、醒目、繽紛、年輕。

建立獨特的品牌哲學

我們也為此建立獨特的品牌哲學：「Get the best for more」。我們在全球搜羅、精選最好的產品。

我們建立新的品牌文化：人如其面，各有不同，各有精彩。藉助色彩和新的妝容技巧，帶出每一個人的個性，展現她最美的潛質。

我們建立新的使命：在香港推動最新最潮的快時尚的妝容文化。

我們提出新口號：「Have a bright day!」祝福顧客有明快的一天，有明亮的面容。

為品牌建立新的故事

我們為品牌建立新的故事：揭開天使的奧秘。每個人心中都有一位天使，有人是天生麗質，有人是明亮聰慧，有人活潑可愛。天使是我們的守護者，她象徵自信、優雅、可愛、時尚，也是快樂、開顏、漂亮、自在的化身。來到 Angel Beauty Bar 這裏，就能發現美麗的奧秘。

工程包括標識全新改造、店舖形象重新規劃、包裝系統革新、服務體驗再造。標誌採用手寫字寫意形態的英文書法，表達天使的活力和年輕感覺；採用橙色，意指新鮮和時尚；採用新鮮水果的形象，轉化成時尚圖形，作為輔助圖案和包裝的應用；也構想以符號化的插圖演繹妝容產品，作為主幕牆，應用在包裝、空間規劃、宣傳品上，讓人耳目一新。

最重要的一環在於店舖的設計上。中心區要演繹酒吧吧枱的形態，成為整個店舖的靈魂，是一個多功能的空間，令妝容體驗有一個創新行為，打破舊有的妝容產品固化的陳列，增加了互動活動的可能性。由燈具到視覺幕牆再到陳列的展示櫃枱等，都度身訂造，帶出個性化的美學。

另外也為整個服務重整核心競爭力，推出獨家研創的「九行面膜」概念，以東方概念結合西方科學原理，為女性創造肌膚之美。色彩繽紛具時代化、現代感的水果圖形，應用在包裝上，作為子品牌的分類，令人刮目相看。

品牌的活化也展現在員工的銷售服務態度上。除了有全新的制服，他們的銷售服務也加入了微笑、美妝、儀態的訓練，讓顧客有時尚的感覺。

品牌店第一家座落在太子的花園道，推出後市場反應極好，集團迅速將旗下原本的 40 多家店舖陸續更新替換，推出新形象。

第六章：品牌重新定位

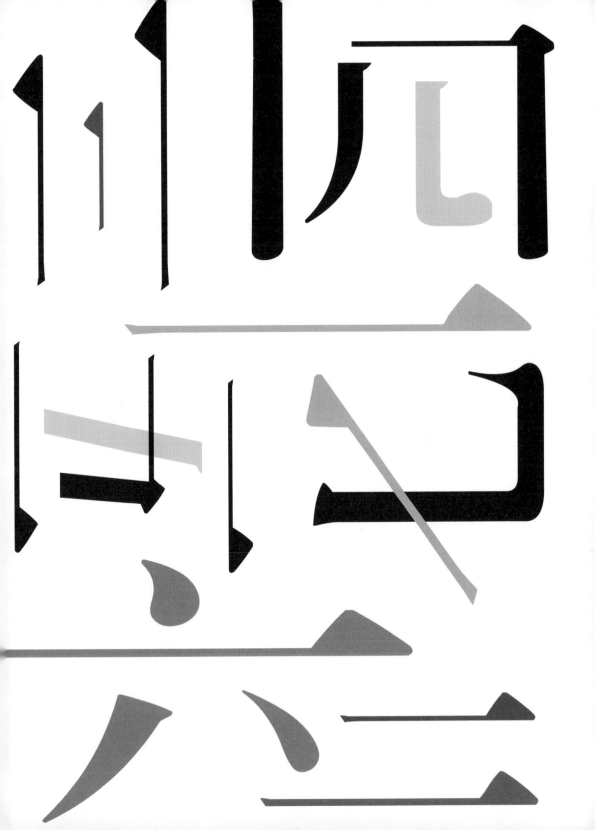

六六無窮的機會

六根清淨（眼耳鼻舌身意）的獨立思考

六神無主的混亂

六親不認的決斷

六指琴魔般狂妄

BRAND

REPOSITIONING

品牌重新定位，是再次確立制高點，延伸發展。

何謂品牌重新定位？

根據劍橋商務英語詞典的定義，「品牌重新定位」是一個轉變方法和途徑，是關於品牌、產品、服務、企業的定位再確立。眾所周知，在 1969 年，美國廣告大師 Jack Trout 提出「定位」的理論，為品牌定位提出了全新的論述，但到今天，這個理論恐怕已時不我與。面對市場環境、國際商務競爭及業務模式的推陳出新，傳統的定位已經不能完全適合全新打造的品牌了。

顧名思義，「重新定位」包括原有位置的再調整，重新確立一個鮮明的位置，重新建立一個更高的制高點，它含有反思原有位置的意涵，也有換位思維、復位的意思，更有整復和捲土重來的意思，好像戰爭中堡壘受到攻擊、被人摧毀，一有時間就要爭取修復。「重新定位」還有一個意義，即用現代市場術語來講就是重新修整形象。它具備主動出擊、顛覆的屬性，也有反擊、重修舊土的意思，為品牌帶來重新思考、翻新的機會。

定位原來的意思就是在客戶心中找到被認同的位置，突顯它的訴求。比如 iPhone，它代表創新、顛覆和未來生活，不是「手機通訊」這般簡單；Lexus 汽車則代表富有而聰明（smart and rich），也不是「豪華汽車」這般簡單。當品牌面對特殊、嚴峻的情況時，它就要思考新的出路。

經濟危機 / 法令改變 / 投訴 / 競爭態勢 / 科技發展 / 市場突變⋯⋯ 都是品牌重新定位的催化劑

以下為「重新定位」出現的條件：

1. 經濟危機。比如卡債風波之後，信用卡和現金卡遇到利潤下降的問題，就需要從價格、流程、信用風險等方面找到新的利基點。

2. 法令改變（法改）。監管單位嚴格監控樓房買賣和投機，推出新的法規和辣招，調控市場價格暴漲。

3. 投訴。當品牌受到突如其來的投訴或者激烈的負面反應時，銷量持續減少。

4. 競爭態勢。競爭者或別家新產品發展相當成功。

5. 科技發展。新科技的冒起，新產業的衍生，令品牌原有優勢逐漸被吞噬。

6. 市場突變。中美貿易戰由關稅戰轉化為科技戰，「華為通訊」成為中美談判的磨心，對華為來說，就面臨一個割喉的威脅。企業體原本是循序漸進，按照自己的步伐去創新和研發，現在卻急於提升為求變的策略；原先定位為通訊供應商，現在則急需升級為網絡通訊產業，將原來的「中國製造」定位提升為真正的「中國創造」。

7. 內在求變。在上世紀八十年代，美國共和黨的朗奴·列根競選總統時，提出「Let's Make America Great Again」，正是因應上世紀七十年代美國遭遇石油危機、中蘇冷戰、伊朗人質危機、經濟下滑、高失業率及通脹等問題，才提出「讓美國再次偉大」這個口號。2016 年，特朗普競選總統時將這個口號重新運用，提出「America First」，則是因應貿易對策、中國崛起、中東戰爭、反恐戰及金融海嘯、經濟結構轉型、內部資源重整，才提出「讓美國偉大」，復甦國家形象。2020 年，特朗普將競選連任，他已經提出「Keep America Great」（讓美國繼續偉大）的口號。上述情況是國家品牌在尋求改變，利用重新定位來重塑國家競爭力。

8. 流程改造。這個情況是因量變而產生質變的，比如企業體內部研發了全新的產品，確立了新的競爭力，好比女性信用卡的推出。

9. 回復從前態勢（復位）。香港生產力促進局 2017 年重新定位，塑造全新標識。新造標識帶有科技感和現代感，提倡工業和商業的合作關係，標識中的字型帶有完美配合的意思。因應環境急速改變，生產促進局最近又急就章地「復位」，主張「工業 4.0」和「工業數碼自動化」，重新設計標識。最新標識還原 40 年前所用的標誌形態，只是在字首「H」前面加上一些發射的碎線，以此象徵數碼產業化，但卻顯得失色，甚至不如最初的標誌。這是重新定位的一個特殊案例。

10. 重新擺正（歸位）。品牌原有形象、定性和原有定位偏離，需要重新確立精準的位置，避免搖擺不定。

11. 大幅度的修正。這種重新定位能令產品、服務或企業的成長更有彈性。星巴克初創時，以打造歐洲情懷的路邊咖啡小座為經營理念，提倡創造自由寫意的咖啡文化，但因應消費者的口味和訴求不斷提升轉變，原有定位不能滿足咖啡愛好者的專業訴求，於是重新改造標誌，將原本標識中的「咖啡」兩字抹去，意為不再專賣咖啡，也兼賣果汁、三文治等烘焙小食，在產品研發上更注重創新飲料，以此開拓新市場。這是將原有定位模糊化，重新確立富有彈性的餐飲位置的案例。

12. 業務轉型。意思就是創造新的成長引擎。蘭克施樂 Xerox 於 2009 年花了超過 60 億美元收購專精於業務流程自動化的聯盟電腦服務公司（ACS, Affiliated Computer

Services），創造新的成長動力。Xerox 從原有黑白影印
的產品和服務，全新改造成為數字化、彩色化的文件解難
方案的供應商，提供文件的製作和管理服務。這個改造的
背後原因是市場環境中有新的競爭加入者，能夠提供鐳射
打印機，給傳統黑白打印機帶來極大的衝擊。因而 Xerox
將原有複印機的有限服務轉化為能夠提供傳真機、掃描
機、桌面軟件、數位服務、出版系統、耗材、系統集成的
綜合服務。1959-1976 年，Xerox 擁有複印機的天下，但
很快受到市場威脅，1976 年已經停產複印機。Xerox 在
1961 年改造全新標識，推出首台自動辦公複印機，品牌
定位為 Xerox Corporation，1994 年又重新定位為 The
Document Company Xerox。

13. 危機。機構、企業、產品或服務面對令人膽寒的大環境衝
擊時，在市場上需要重新扮演重要角色，以改變個人心目
中既有的概念。曾經因為市場蕭條，許多車廠為吸引消費
者買車，紛紛割價求生，提出更多折扣方案來吸引消費，
韓國的現代車廠 Hyunda 則推出「失業就退錢」的方案，
扭轉了競爭態勢，催生出全新定位的 Hyunda。

案例分享：
茲曼尼梳化品牌
十年創業重新定位

1999 年，香港「茲曼尼」梳化品牌面對十年創業、經營優勢疲乏的問題，邀請品牌專家重新定位。

「茲曼尼」梳化首間小店在北角創建，十年來默默耕耘，市場卻以為它是以中國製造冒名國際品牌，在仿製名牌家具、抄襲歐美品牌。在十周年創業慶典之際，「茲曼尼」決定重新為品牌定位，塑造「茲曼尼」是香港原創品牌的形象，確立市場鮮明的位置，超越同群。當時的市場除了仿製之外，也有真正從

資深跨媒體創作人歐陽應霽與「茲曼尼」聯乘
創作《雞蛋仔》傢具，贏得媒體廣泛報導。

歐洲進口的品牌，市場極為紛亂，各個廠商千篇一律、定位模糊。「茲曼尼」初創時定位為手造家具及提供度身訂造服務，但在消費者心中卻不明顯。

「茲曼尼」重新定位策略的改造包括：

1. 與設計師聯乘，打造原創品牌精神。

2. 推出 Giormani HomeGallery，為本地設計師和藝術家提供展示才華的基地，建造發表合作成果的開放平台，支持本地原創，推動社區創意文化。

3. 推出 Concept Sofa 系列，無論是款式設計還是物料、功能方面，都藉助產品創新，改變消費者的固化觀點。

4. 轉捩點。在十周年紀念日當日，舉辦 RedNite Party，宣佈「茲曼尼」與創意界名人聯乘合作大計。

5. 創造自主傢具的訂製文化，提出完美配合方案。用家可以自主挑選材質、顏色、尺寸，為香港狹小的傢具環境提出彈性的訂製服務。

6. 推出自家品牌系列。首推 10Plus 概念產品，提出個性化梳化創作，大膽採用一般家庭煮食的材料來代替化學用品的染劑，創造出環保傢具的新品牌。

重新定位的策劃整體具備驚喜、無限創意和玩味的屬性，代替原本平淡無奇的強調優質工藝、材料、製作的概念。品牌邀請七大創意界名人聯乘，包括資深跨媒體創作人歐陽應霽（以雞蛋仔概念創造新式梳化）、人偶設計師 Husky Kevin（創造寵

物梳化）、著名潮品 Chocolate Rain 創辦人麥雅端（創建 DIY 手縫布製旋轉咖啡杯座椅）、著名時裝設計師施熙瑜（創建四季適用的特色制服）、著名玻璃藝術家黃國忠（創製具有玩味的文創產品）、國際聞名的視覺藝術家梁美萍（推出傢具概念裝置）及頂級設計師劉小康（推出全新概念的創意傢具）。

是次品牌重新定位為品牌在市場確立了全新的制高點，從本地傢具製造提升為香港原創品牌，其中顯然涉及了業務轉型、內在求變、重新擺正、流程改造、危機衝擊等驅動因素。

著名潮品Chocolate Rain創辦人麥雅端以布藝與「茲曼尼」聯乘創作《咖啡杯》，深得小朋友及家長熱愛。

著名人偶設計師Husky Kevin（哈士奇魂）與「茲曼尼」聯乘創作寵物傢具，
開拓新市場，深受歡迎。

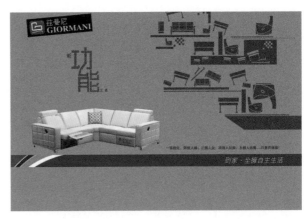

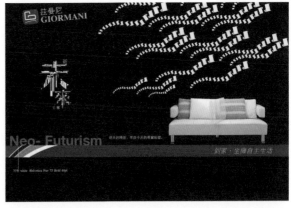

「茲曼尼」創業10周年慶典，舉行RedNite Party，眾聯乘合作設計師台上祝酒，左起默劇大師／玻璃工藝藝術家黃國忠、「茲曼尼」創辦人兼董事唐慕貞、集團董事兼總設計師吳紹棠、「茲曼尼」品牌顧問吳秋全、設計潮人麥雅端、時裝設計師施熙瑜、視覺藝術家梁美萍、人偶設計師Husky Kevin（哈士奇魂）、跨媒體創作人歐陽應霽暨司儀。

第七章：品牌再造

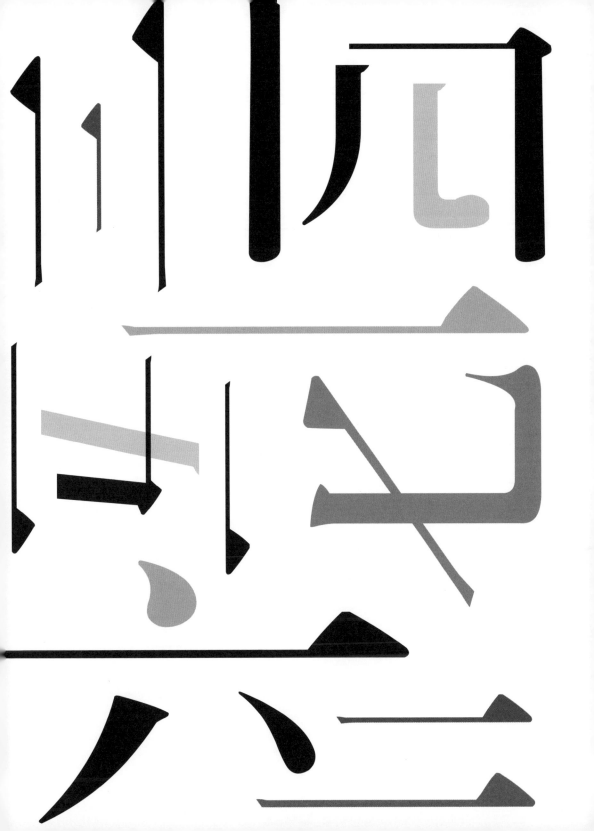

七上八落的心情

亂七八糟的迷途境界

奇正相剋的遭遇

數字中的奇數、異數

七拼八湊的組合

七情六慾的磨練

七宗最：

　　最新、最快、最有影響力、最怪、

　　最前線、最絕、最冒險的一回事

七步成詩的急才

BRAND

REINVEN TING

品牌再造集轉化、創新、突破和顛覆於一身。

何謂品牌再造？

品牌再造可以理解為品牌重塑、品牌的徹底改造、品牌的翻頭換面、品牌的全新改變、品牌的重新創造。隨着時代的變遷、營商環境的轉變、科技的進步、消費及文化訴求的增加，企業或產品的服務不能一成不變、故步自封，也要隨着時代變更而蛻變，與時並進、破舊立新，而創新和創意就在其中擔當着非常重要的催化劑作用。借助品牌本質的求變，進行由內而外的品牌塑造，品牌形象就可以得到鞏固，業務就可以持續發展。

品牌的重新塑造有一個含義，就是在原有事物基礎上重新創造或改造，品牌不一定是瀕臨危機的，不一定是面臨老化的，它只是在客觀環境不斷更替的情況下重新發現或塑造新的能力來改造自己。Invent 這個詞本身就含有發明、發現、創造的精神，經過一個階段或時代的變更，品牌可能會感受到時不我與，零售業可能會遭遇心態改變，業務對業務的層面就可能是競爭吃力，品牌就需要持續擁有 Reinvent 再創造的精神。

徹底改造可以是革命性、全方位的，
或者令本身業務再上另一階梯

Reinvent 包括相當大程度的徹底改造，改造的目的是優化目前狀況或者比以前更勝一籌。這個徹底改造可以是革命性的、全方位的，或者令本身業務再上另一階梯。它會將舊有的東西重新賦予時代精神，滿足時代需求，以另一種形式表現出來。

品牌再造如果用生物的形態來表達，就像蠶蛹蛻變為蝴蝶一樣，它本身的特質、內在的屬性是沒有太大改變的，但卻通過 metabolism（新陳代謝）呈現出一個新形態；也好

比水，它因為不同溫度的影響，可以結冰，可以在常溫表現為液態，也可以加熱成為水蒸氣。品牌的內在本質沒有改變，只是外在形式得到升華。

品牌再造涉及以下思考：

1. 品牌應否更換？品牌更換具有很大的風險，因其已經在顧客心中形成一定的影響力和認受性，品牌創新具有開拓性，品牌再造則有顛覆性，有去舊迎新的意思，一般來講會帶來市場上一定程度的衝擊。小的衝擊可以藉助品牌的推廣、宣傳或預告來緩衝，也可藉助品牌的教育工作，優化提升消費者的觀念；大的衝擊則容易引起市場的誤會和震盪，如若品牌有事先預告，消費者會產生諸多聯想，包括品牌是否被收購、是否表現不佳、管理層是否更換、內部是否出現危機等，更有甚者，原有品牌的消費者會產生被離棄的感覺，從而出現反叛及跳槽的現象。所以，品牌更換之前必須做好品牌傳訊及溝通的工作。

2. 品牌是否滯後？品牌不能與時並進，疲態畢現，就必須要優化其競爭力。品牌通過改造，可以重新展現其品牌價值。品牌可能出現的滯後情況包括：市場份額萎縮（非因產品質素出現問題）、顧客的購買習慣突變、競爭對手強勢進攻等。品牌滯後最終會導致品牌出局。

3. 消費者需求是否轉變？品牌需要不時進行品牌評估，配合變幻莫測的消費市場，作出相應策略調整，比如增加品牌的時尚感、科技感、個性化等。品牌如果故步自封，不能隨時調整自己的發展方向，重塑競爭力，就很容易被消費者離棄。

4. 品牌建立是否一勞永逸？品牌再造的目的是戰略上的進一步延伸發展，並不是建成品牌之後就完成任務、無事可做，而應該隨時關注市場動態，檢測及評估品牌發展狀態。

可見，品牌再造涉及品牌的持續性、創新力及延伸性，是一個反覆再造的過程。

品牌再創造也表示品牌原有基礎發展到一個頂端，或者停滯不前，未能與市場對接或對應

中國內地「十二五」規劃後提倡企業升級轉型，將剩餘的生產廠房轉化為新的業務形態或經營形態，比如由做出口轉為發展內銷，由加工生產轉化為品牌發展業務，由製造基地轉化為產業園區……這些都是受環境影響求變、進行業態再創造的鮮活案例。

品牌再創造也表示品牌原有基礎發展到一個頂端，或者停滯不前，未能與市場對接或對應，這就需要重新檢視自己的競爭力和持續發展的可能，於是藉助創新和設計來進行改造，成為重要的法門。

案例分享：力嘉集團品牌再造及品牌開拓

以下這個「力嘉紙品」的案例可以算是品牌改造重塑的成功典範。「力嘉紙品」1970 年誕生於香港，是香港工業品牌發展的縮影。創辦人馬偉武先生白手興家，在觀塘康寧道一個 300 呎的閣樓起家，早期以做鞋盒紙品加工為生，隨着香港製造業蓬勃發展，出口業務興旺，他在 1974 年很快就搬廠房，擴充至 2000 呎，1978 年更是自置廠房物業。隨着國家的改革開放，馬先生在 1989 年進駐深圳橫崗，從此奠定了他的事業基礎，業務由單一的紙品加工發展為瓦通原材製造紙盒的製作、精品禮盒的加工、彩印及紙質精品的生產，目前已成為業界翹楚。

2010 年，「力嘉紙品」尋求品牌的重塑改造／升級轉型。有鑒於企業過去的業務只局限於國內內銷市場，因應國家「走出去」、「引進來」的政策，「力嘉紙品」銳意重新定位為國際化產業，也順勢將剩餘的生產基地和廢置廠房改頭換面、重新使用，發展成為深圳首個國際創意印刷文化產業園。恰逢公司管理層更新換代，第二代年輕管理層接手，期望順勢將品牌形象更新，因此邀請專業品牌顧問攜手重塑品牌形象。

「力嘉紙品」的品牌重塑工程包括兩個層面，一是為品牌重新確立定位，二是將企業剩餘廠房開拓為富有創意和文化的印刷產業園。

第一個層面的工作包括品牌的重新定位、核心要素重整、企業文化建立、重新釐定品牌的優勢及競爭力，以策略思維提出「面向世界發展」的企業使命和願景，擁抱新思維和新視野，創造新的企業傳奇。

新視野包括重新思考，將多元化產品生產轉化為全方位的精品包裝解難方案專家

新視野包括重新思考，將多元化產品生產轉化為全方位的精品解難方案專家；開拓更寬、更廣、更深的業務機會，由對內供應轉化為出口的多元業務；業務除紙品之外，更涉及投資、產業開發、產業園建構等，進行由原材料到製作到產研基地的全鏈條開發。

2015 年，力嘉集團在橫崗的「深圳國際創意印刷文化產業園」第一期項目已完成，並且已獲得地區政府的政策支持，更強勢地升級轉型，全廠房及產業園目前已搬去東莞，發展第二期工

程，建構一個更龐大、更具規模的印刷產業城。

全項工程維持一年，以標識及視覺系統規劃改造引領企業形象的全面更新。力嘉的英文名是 LUK KA，新標誌採用 L 和 K 構成，L 轉化為剔號（√），K 則象徵人，寓意企業以人為本，重視人力資源、人才培育及員工專業素質。品牌口號演繹為「印得更精彩」，意指企業的優質成品及印刷業界的翹楚地位。品牌全新形象推出後深受業界讚賞。

這裏有一個重要啟迪：印刷業在經營環境轉變時往往不知所措，在迷茫中掙扎，但藉着品牌的徹底改造，就可以為企業帶來明晰的發展新方向，建立新的業務策略，實現持續發展。

藉着品牌的徹底改造
可以為企業帶來明晰的發展新方向，
建立新的業務策略，實現持續發展

「深圳國際創意印刷文化產業園」是力嘉集團發展的一個重要里程碑，它配合國家升級轉型、「走出去、引進來」的發展綱領，首期產業園在集團的印刷基地，將剩餘廠房升級改造，延伸發展，成為集印刷博物館、印前印後產業聚集地、初創孵化基地及產業鏈平台，並打造成為文化旅遊基地，其後成為中國（深圳）文化博覽交易會（文博會）舉辦展覽、論壇、交流活動的一個重要分會場。

產業園具備國際交流及創意印刷文化推廣使命，更是中國內地首間私人創辦的印刷博物館，意義重大。

產業園的標識採用人形圖像，以開括號及綠色人形側面，象徵環保概念；以捲紙狀圖形向外騰飛，象徵產業園無窮的創意與超凡的想像力。標識帶動整個產業園的導示系統及推廣宣傳的視覺規劃，包括海報、網站、印刷品宣傳、展覽、制服等設計。

五年後，產業園再擴充，成功搬遷至東莞橋頭，成為「東莞環保包裝印刷產業園」，更加積極地擴展印刷博物館的規模，也搭建起更全面的印刷產業鏈平台，配合「一帶一路」政策，抓緊粵港澳大灣區的發展機遇，發揚中華印刷文化，鞏固企業創客孵化服務，協同創新業務對接及基礎營運等服務，成為印刷企業生態圈的典範。

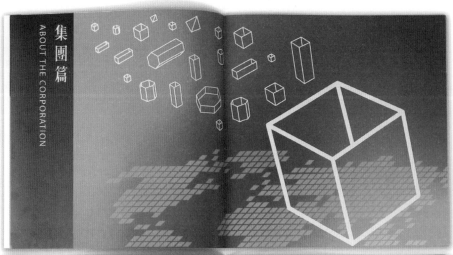

Management Team　卓越的管理團隊

A Talent Pool For The Packaging Industry　人才薈萃的包裝殿堂

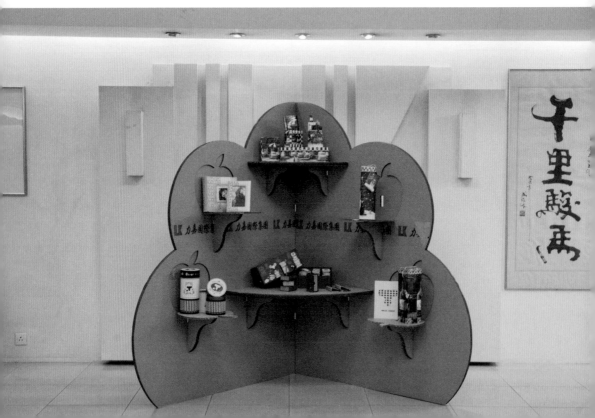

Your professionalism and diligence have helped us achieve an exceptional outcome.

遵理集團 **BEACON GROUP**

Your team has been hard working, understanding and extremely helpful, very much appreciated.

謝利源珠寶 **O'che 1867**

Thank you for your professional branding services to our senior management as well as the whole corporation, including brand audit, marketing research, brand invention, brand identity design and holistic brand management.

東科控股股份有限公司
Eastern Technologies Holding Limited

盡心盡力，事事細心。

栢檔極品海南雞飯
Pak Don Chicken Rice

Under your strong leadership, the Brand Task Force which is consisted of two entities, one from BridgeWay, one from MCL, works very well and achieves with maximized result.

盛滙商機有限公司 **BridgeWay Business Builder & Broker Co. Ltd.**

鳴謝

衷心感謝下列人士、機構及團體的鼎力支持！

特別鳴謝（排名不分先後）

葉國華	香港保華生活教育集團有限公司
靳埭強	靳劉高設計顧問
嚴志明	香港設計中心
雲海洪	香港大中華中小企商會
梁賀琪	精英匯集團控股有限公司
黃斌	MIT（HK）Industry Co., Limited
高廣垣	RECAS 環球有限公司
黃家和	香港品牌發展局
蔡榮照	香港印藝學會
張益麟	香港工業總會第 31 分組（設計）
蔣素霞	《包裝與設計》雜誌
司徒永富	鴻福堂集團
謝寶達	鴻福堂集團
劉樹青	深圳市大潤谷食品集團
唐慕貞	茲曼尼品牌
吳紹棠	茲曼尼品牌
馬偉武	力嘉國際集團有限公司
羅孟慶	壹品豆品
張月仙	天使美容集團
吳志強	天使美容集團

鳴謝（排名不分先後）

香港出口商會
香港貿發局
香港品牌發展局
香港舞蹈團
香港社企總會
香港設計委員會
青島博益特生物材料股份有限公司
五谷珍品
謝利源珠寶
麵軒
泰昌餅家
栢檔極品海南雞飯
Shoe Fountain
盛滙商舖投資平台
香港傳統中藥研究中心
豪庭珠寶 PARADISO Jewellery Galleria
貴州花酒酒業有限公司
卓營坊
Villa King
MCL 品牌企劃員工及客戶

本書所有圖片及圖表，除特別註明外，
皆為 Maxi Communications Limited（MCL 品牌企劃）作品。

品牌成功7R法
品牌大師吳秋全實案紀錄
SUCCESSFUL 7R BRAND SECRETS

作者
吳秋全

文本整理
彭盈姿、樊怡玲

編輯
周宛媚

美術設計
吳秋全、黃梓垚、鄭逸思、蔡穎珊

排版
黃梓垚、鄭逸思、張善坤

出版者
萬里機構出版有限公司
香港鰂魚涌英皇道1065號東達中心1305室
電話：2564 7511
傳真：2565 5539
電郵：info@wanlibk.com
網址：http://www.wanlibk.com
　　　http://www.facebook.com/wanlibk

發行者
香港聯合書刊物流有限公司
香港新界大埔汀麗路36號
中華商務印刷大廈3字樓
電話：2150 2100
傳真：2407 3062
電郵：info@suplogistics.com.hk

承印者
中華商務彩色印刷有限公司
香港新界大埔汀麗路36號

出版日期
二零一九年七月第一次印刷